SAP担当者として活躍するための ERP入門

Introduction to Enterprise Resource Planning

久米 正通／村上 均【著】
アレグス株式会社【監修】

秀和システム

■使用バージョン

本書は、SAP S/4HANA(バージョン2020)、ならびにECC(EHP7 for SAP ERP6.0)、SAP GUI(7.60)、SAP UI5(1.78.9)をベースに解説を行っています。

■注意

■商標

はじめに

ERP(Enterprise Resource Planning)という言葉が使われるようになって二十数年が過ぎ、ERPは大企業を中心に導入が進み、企業経営に役に立つ基幹システムとして普及してきました。ここ数年は、特にデジタル化、クラウド化が進み、さらなる成長が期待されています。

しかし、「導入時に期待していたほど効果が出ていない」「コストがかかる」「使いにくい」「リアルタイムに情報が把握できない」など、ユーザーから改善要望が聞かれることが多くなりました。

その原因として、実は本来のERPの良さが充分に理解されず、標準装備されている機能が眠ったままだったり、システムを利用するユーザー間で考え方が相違していて、効果が発揮されずにいるケースも見受けられます。

そのため、もう一度、ERPが持っているコンセプトや使い方、全体最適化の意味を理解し直すことでERPを使いこなし、企業経営に役立つシステムとして利用し続けてほしいとの想いから、本書『SAP担当者として活躍するための ERP入門』を執筆いたしました。

特に「ERPのことは何も知らないけれども、これからERPの仕事をやってみたい」とお考えの方はもちろん、SIerやSAPを導入済み企業の新入社員教育の教材としても使っていただける内容となっています。

本書では、ERPの入門書として、基礎知識やプロジェクトの進め方、開発方法、さらには社会のインフラの仕組み、会社の基本業務となる購買・在庫、生産、工事・建築、販売、給与・賞与計算、会計の仕組みなども解説しており、このような知識は、ERPを理解する上で土台となるため、ぜひ身につけていただきたいと思います。

また、S/4HANAでの購買、販売、会計処理のオペレーションなども学べるようになっています(本書に関係した動画をUdemyに講座として公開していますので、合わせてご活用ください)。

なお、記載内容によっては「難しい」と感じたり、「すでに知っている」という内容があると思います。必要のない部分は、読み飛ばしてください。

ERPは、基幹業務の全体最適化を目指していますので、組織としてのチームワーク力がなければ実現することができません。これらの知識を身につけることで、関係する人たちと共通の認識ができ、全体観を持てるようになっていただきたいと思います。

本書が新しい仕事へチャレンジするきっかけになれば幸いです。

著者記す

目　次

第2章　SAPの基礎知識

第3章　ERPプロジェクトの進め方を学ぼう

第4章　ERPの開発の仕組みを理解しよう

第8章 ERPの使いこなしのためのヒント

第9章 ERPの保守作業

第10章 S/4HANAのオペレーション方法を身に付けよう

第11章 SAPについてのQ&A

第1章

ERPの基礎知識

第1章では、ERPの基礎知識について学びます。例えば、「ERPとは何か」「ERPの対象業務と組織」「ERPシステムが提供するもの」「ERPシステムの必要性」「ERPシステムの進化」「ERPが目指す方向性」などの基礎知識をSAPを例に身に付けていただきます。

ERPとは

ワンポイント

- 会社の経営資源の一元管理を目指す
- 全体最適化を目指す考え方

会社の経営資源の一元管理を目指す

ERPは、Enterprise Resource Planningの略で、本書では、「会社の経営資源の一元管理」と定義します(図1)。

コンピュータシステム上で、情報を集中管理して業務効率の向上を目指す考え方のことです。

図1　経営資源の一元管理

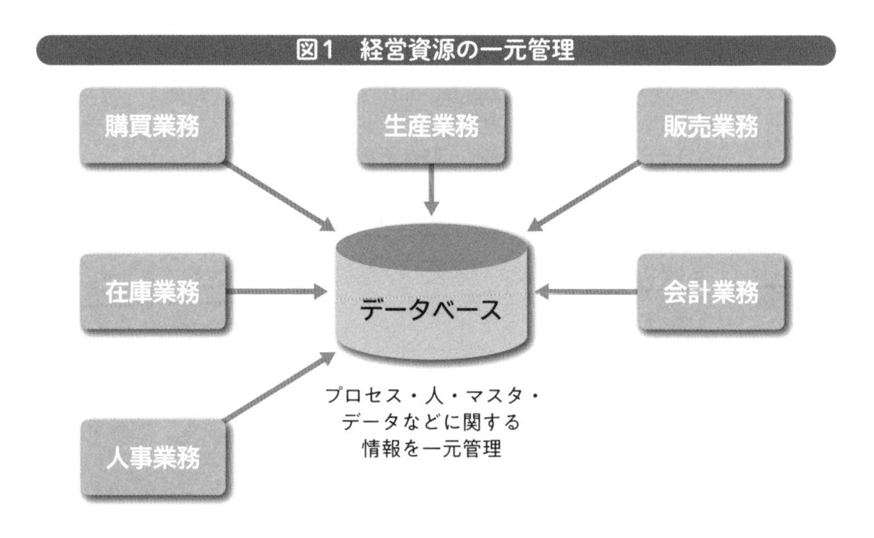

例えば、情報を社員個人や部門などで、ばらばらに管理していると次のような問題を抱えている場合があります。

- 2重作業が多い、
- その情報の集計作業に時間がかかる
- 集計の都度（つど）、数字が変わる
- リアルタイムに情報を見られない

これらの問題を解決するための1つの方法とも言えます。

全体最適化を目指す考え方

コンピュータ利用の歴史を振り返ると、例えば、1960年代までは算盤（そろばん）や、電卓を使って計算し、手書きで請求書を作成して得意先などに届けていました。

やがて、1970代以降からコンピュータが登場し、コンピュータを使って請求書を発行するのが当たり前になりました。各部門で手間のかかる給与計算や、会計の帳簿付けなどもコンピュータ化してきました。

その結果、会社の中に、たくさんの**部門システム、部門最適化システム**が構築されていきました（図2）。

しかし、会社の仕組みは、部門ごとに閉じているのではなく、例えば、請求書を発行した後、販売代金の入金処理や会計の帳簿付け作業などもあることから、会社全体の視点でプロセスをデザインし直し、**全体最適化**を目指すコンピュータシステムの構築が増えてきました。

図2 部門最適化システムの例

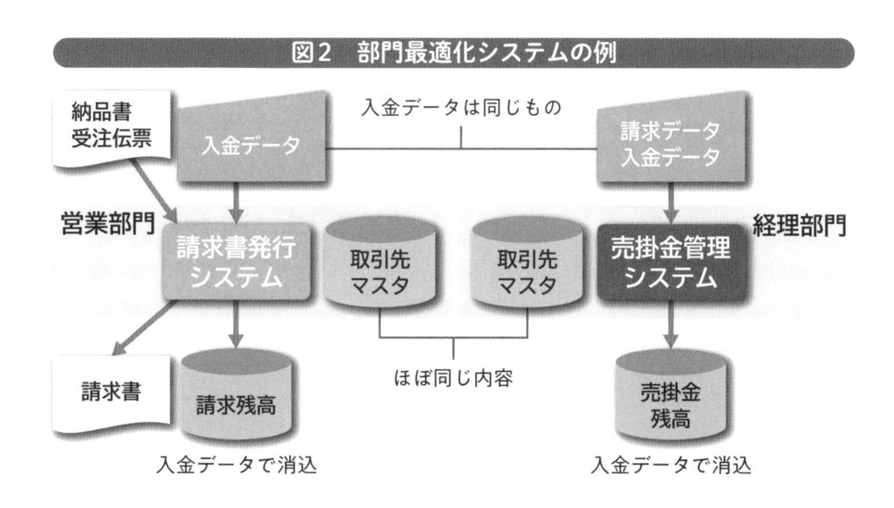

2 ERPの対象業務と組織

ワンポイント

- 会社の基幹業務が対象
- グループ会社の業務も対象
- 関係する取引先の業務も対象とする場合がある

会社の基幹業務が対象

ERPでは、基本的に会社の**基幹業務**を対象とします。

例えば、購買業務、在庫管理業務、生産業務、販売業務、人事業務、会計業務などの業務処理を対象とします(図1)。

製造業の基幹業務について考えてみましょう。モノを製造している会社の基幹となる業務には、購買、在庫、生産、販売、人事、会計等があります。

購買部門では、モノを作るために必要な原料や、部品を仕入先に注文して仕入れます。仕入れた原料や部品は、倉庫に在庫として保管します。

生産部門は、製造ラインで必要とする原料や部品を倉庫から取り出して使用し、製品を作ります。できあがった製品を倉庫に保管します。

販売部門は、顧客からの注文に応じて、製造した製品を倉庫から出荷して顧客に納品し、代金を請求します。

人事部門では、社員の勤怠管理と社員への給与計算処理などを行います。

会計部門では、仕入先から仕入れた代金の支払いや、顧客に販売した代金の入金管理などを行います。また、儲かっているかどうかなどの計算を行います。

このように製造業を営んでいる会社では、購買、在庫、生産、販売、人事、会計が基幹業務となっています。

図1　ERPの対象業務

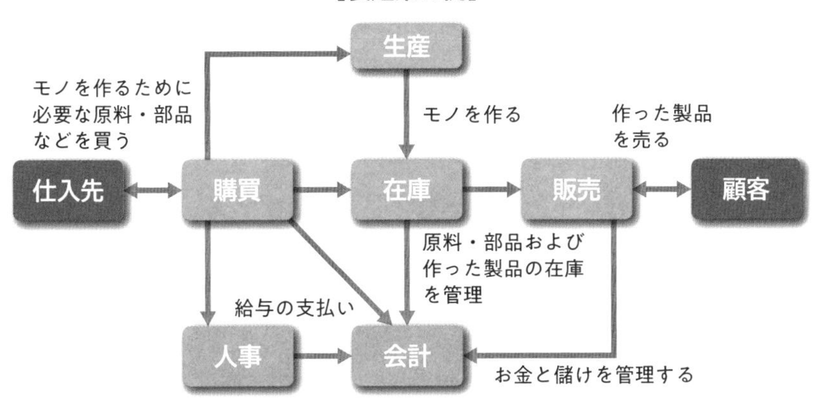

グループ会社の業務も対象

ERPは、会社全体のみならず、子会社や関係会社も対象とする場合があります。大きい会社では、子会社の経営成績も含めて外部に報告する必要があるため、子会社や関係会社も含めて、ERPシステムを構築している会社もあります。

特に、海外にある子会社も含めて経営資源を一元管理しようとすると、言語や、通貨、各国の会計ルールなど様々な課題をクリアしていく必要が出てきます(図2)。

図2　グループ子会社も含めてシステム化

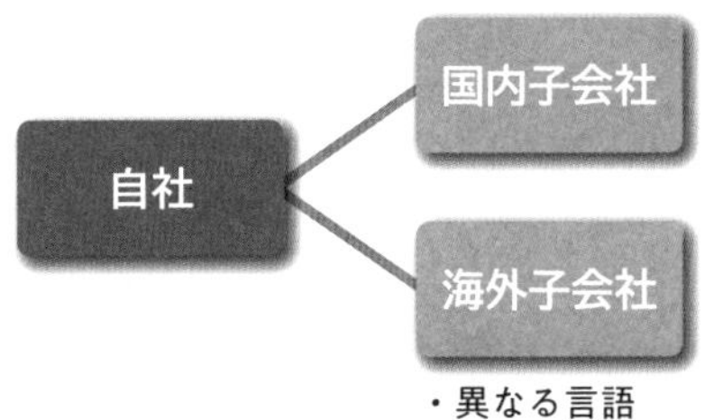

関係する取引先の業務も対象とする場合がある

例えば、製造業では、自社製品を効果的に販売するために、製品をいつ頃、何個作るべきかに悩みます。製品によっては、毎月、安定的に売れるものや、季節によって需要が変動するものがあります。

もし、自社の倉庫の製品の在庫量と得意先が持っている当社の製品の在庫数量や販売実績数量がリアルタイムにわかれば、そのデータをもとに、対象製品を製造することができます。

つまり、製造会社と販売会社間で情報を共有するERPシステムを構築することで、相互にとって効率の良い製造・販売を行うことが可能になります(図3)。

図3　取引先間で在庫情報を共有する例

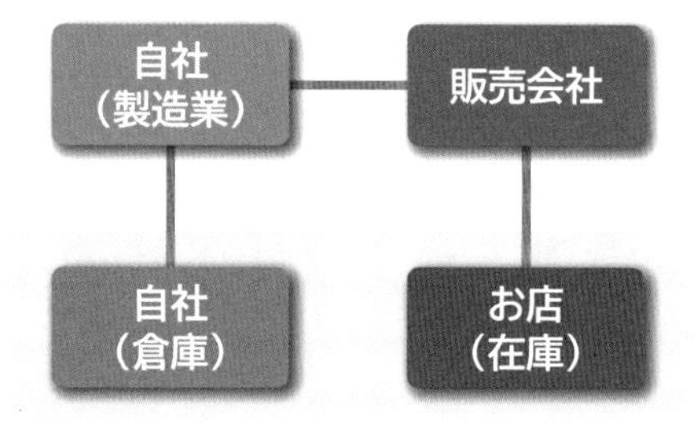

3 ERPシステムが提供するもの

ワンポイント

- リアルタイムな情報
- 過去・今現在・将来の情報
- 日々の基幹業務処理をサポート
- 様々な切り口からのデータ分析

リアルタイムな情報の提供

ERPシステムは、**データを一元管理する**ことで、同一の情報源から、同一の内容を**リアルタイム**に入手することが可能になります。しかも、知りたい人同士で同じ結果を共有することができます。

データをいろんな個所で管理している場合は、知りたい時にその都度、同じ集計作業が必要になるだけでなく、情報の鮮度にバラツキが発生します。

過去・今現在・将来の情報の提供

過去の実績データや**今現在**の生データ*を一元管理することで、過去の実績と今現在の実績の比較や計画値との比較が可能になります。また、将来値を予測するための入金条件や支払条件などのパラメータから、**将来**の売上高や、入金予定日別の入金予定金額、支払予定日別の支払金額などを把握することができます。

これらにより、期末日の損益予想や、数ヶ月先の必要資金額などを事前に把握することができます(表1、図1)。

＊ **生データ**……データが発生した場所から収集した未加工のデータのこと。

表1 ERPシステムが提供する情報の例①

ERPシステムが提供する情報の例
・リアルタイムな情報の提供 ・過去、現在、将来の情報の提供 ・日々の基幹業務処理をサポート　など

過去	現在	将来
前年同期との比較	今現在の在庫数量	見込顧客数
期別月別損益推移	今現在の受注件数・金額	期末予想損益
	今現在の売上高	3ヶ月後の予想Cash残高 （入金予定・支払予定金額含む）

図1　ERPシステムが提供する情報の例②

例えば

・今現在の儲け
・納期回答と納品対応
・数ヶ月後の売り上げ予想
・将来の入金予定金額
・将来の支払予定金額
・ざまざまな分析情報
・外部への情報開示（公表財務諸表など）
・いくら入金になるか
・いくら支払うべきか
・売上はいくらになるか

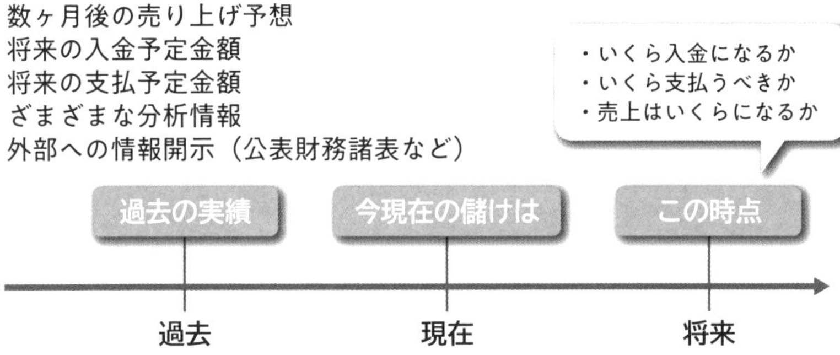

日々の基幹業務処理をサポート

例えば、生産部門のケースでは、ある製品を製造するために必要な部品を、仕入先から製造日の直前に納品してもらうことも可能です。

また、販売部門のケースでは、注文を受けた商品の在庫が今現在はないけれども、相手の納品希望日に間に合う日までに入庫予定という情報がわかれば、その時点で、注文を受けることができます。

さらに経理部門のケースでは、支払予定日に合わせて、仕入先への振込支払データを作成することで、支払業務処理を効率的に行うことができます。また、外部への情報開示の元ネタを提供します。

様々な切り口からのデータ分析

ERPシステムで提供される具体的な情報の例として、図2のような項目間の組み合わせから得られる情報を挙げることができます。ERPシステムでは、様々な切り口から**データ分析**が行われ、その結果が一元管理されて提供されます。

図2 様々な切り口からのデータ分析結果の提供

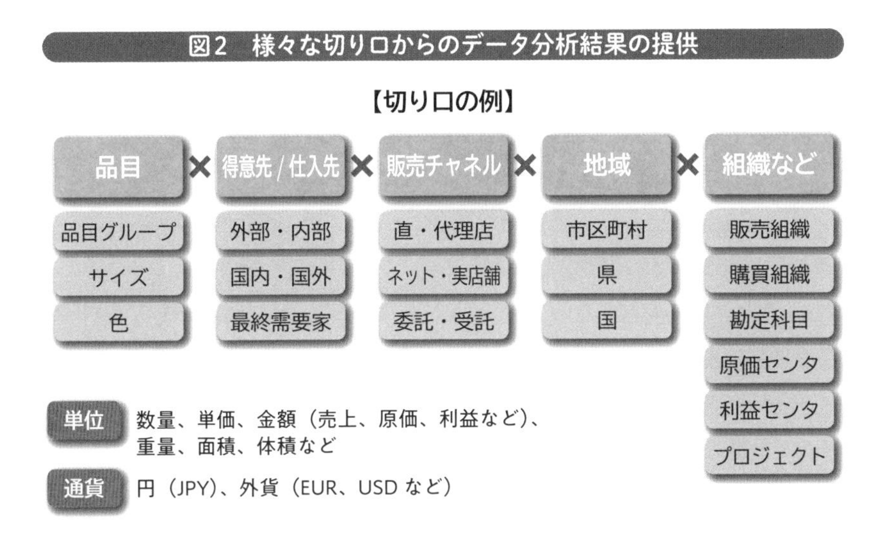

4 ERPシステムの必要性

ワンポイント

- 元の情報が1つなので帳票間で数字が一致する
- 運用管理が楽
- システム間のデータの受け渡しが少ない
- 内部統制の仕組みが1つで済む

元の情報が1つなので帳票間の数字が一致する

ERPのメリットは、なんといっても、いろんな切り口でデータを集計・加工しても、それぞれの**帳票間の数字が一致している**ことです(図1)。

当たり前のようですが、実際には、いろんな数字が存在して一致しないことが少なくありません。データの発生場所から生データを集計すれば、担当者の判断でデータを加工・修正しない限り、数字は一致します。

日々、多くの意思決定を必要としている経営者や管理者が正しいデータに基づいて判断するためにも大事なことです。

図1 どのような切り口で見ても各帳票の売上の数字は一致

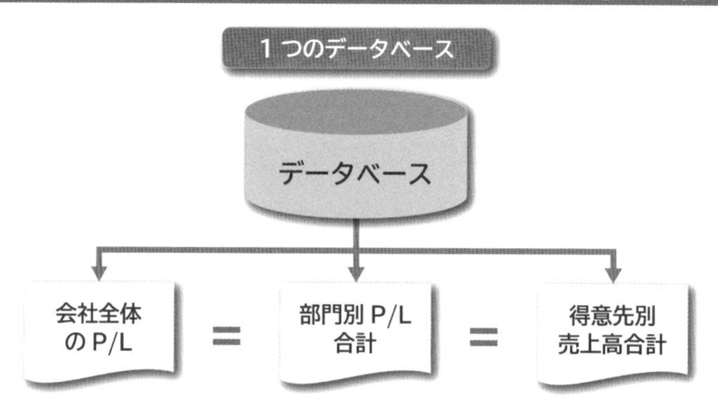

運用管理が楽

ERPシステムは、1つのデータベースの中に発生時のトランザクション*を蓄えているので、このデータベースの管理だけで済み、**運用管理がシンプルで楽**になります。

複数のシステム環境が存在する場合は、それぞれのシステムのバックアップや日々の運用状況の監視などをシステムの数だけ行う必要があります(図2)。

図2 運用管理が1つのコンピュータシステムだけで済む

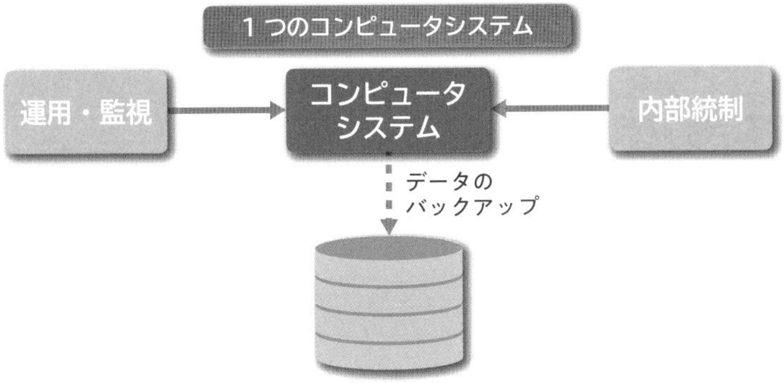

システム間のデータの受け渡しが少ない

ERPシステムは、発生場所で**リアルタイム**にデータベースを更新します。そのため、夜間のバッチ処理*などでインターフェースを使って、システム間でデータを受け渡しする必要がなくなります。

内部統制の仕組みが1つで済む

システム化されている基幹業務プロセス上の**内部統制***は、システム別に行う必要があります。特に、IT統制からの視点で、運用されているシステムの「変更管理」「モニタリング」「ログ管理」「不正アクセス」などの統制は、システムの数が少ないほうがそれだけ対応工数が少なくて済みます(図2)。

システムが複数存在している場合は、それぞれのシステムごとに統制の仕組みを組み込み、監視していくことになります。

＊ **トランザクション**……取引データのこと。
＊ **バッチ処理**……オンラインではなく、裏側でまとめて処理すること。
＊ **内部統制**……会社の業務処理がルール通りに行われるように仕組み化すること。

5 ERPシステムの進化

ワンポイント

- 投資目的の変化
- オープン技術の採用
- パッケージの活用

投資目的の変化

1970年代から1980年代、手書きによる作業をオフコン*やホストコンピュータ*に任せることで業務の省力化・効率化が進みました。特に手間のかかる請求書の作成や給与計算処理、会計帳簿の作成などにコンピュータが使われてきました。

さらに1990年代に入ってERPシステムが出現したことでシステムの統合、システム間のマスタ管理*などの一元化・自動化が進みました。

近年では、どの会社でも会社業務のあらゆる場面で、コンピュータを利用するようになったため、それだけでは差別化ができなくなりました。

そこで、コンピュータの利用に加えて、独自の売り方やサービス提供をすることで、ライバル会社との**競争優位**を確保するなどの動きが始まり、コンピュータに対する投資目的が変化してきました(図1)。

* **オフコン**……オフィスコンピュータの略。1990年代ごろまで存在していた会社の事務処理に特化した中規模のコンピュータのこと。
* **ホストコンピュータ**……1990年代ごろまで使われていたメインとなるコンピュータのこと。大型コンピュータとも呼ばれていた。
* **マスタ管理**……マスタは、業務を遂行する際、唯一の正確な情報源となるデータのこと。マスタ管理では、例えば得意先や仕入先など、共通的に使用するマスタの登録・変更・削除を管理する。

図1 省力化・効率化→競争優位へ

投資目的

省力化
効率化

競争優位

オープン技術の採用

1970年〜1980年代、オフコンやホストコンピュータはメーカーのOS*に依存していました。そのため、一度、使い始めたら、ほかのメーカーに切り替えることは、大変な作業でした。

その後、1990年代入って、ダウンサイジング*の波に乗って、メーカーに依存しないUNIXやLinuxベースの安価で高性能のオープンなコンピュータが登場してきました。ユーザーインターフェース*も、文字だけの端末からグラフィカルな表示のものに変わっていきました。

そのオープンなコンピュータ上で動く、クライアント・サーバー型*のERPパッケージとして登場したのがSAPのR/3などでした。現在でもメーカーのOSに依存しない**オープンなシステム環境**上でERPシステムを動かす流れになっています(図2)。

図2 OSに依存したシステム→オープン化

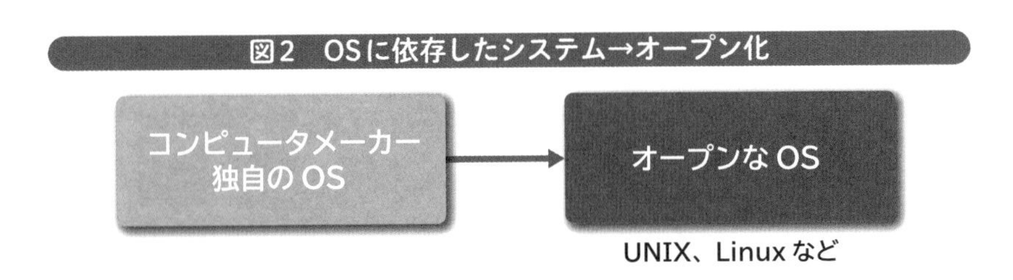

＊**OS**……Operating Systemの略。オペレーティング・システムのこと。

＊**ダウンサイジング**……大型コンピュータや汎用コンピュータと言われていたコンピュータが小さくなって、しかも性能も同等のコンピュータが出てきたこと。

＊**ユーザーインターフェース**……利用者とコンピュータのやり取りの入り口のこと。UI（User Interface）と略される。

＊**クライアント・サーバー型**……パソコンなどのクライアント側とサーバー側で分担して処理することで、全体の処理効率を高めているシステムのこと。

パッケージの活用

コンピュータを使い始めた当時は、ERPという概念がなく、また、基幹業務システムは、手作りにより個別開発して使っていました。しかし、個別開発であるがゆえに、老朽化したシステムの仕様に詳しい人材がいなくなるなどの問題もあり、システムの再構築に限界を感じていた企業が多くありました。

そこに、1990年代にSAP社が基幹業務処理をパッケージ化した、R/3という**ERPパッケージ**を日本市場で販売開始しました。大手企業を中心にR/3などのERPパッケージの導入が進みましたが、自社のやり方に合わない部分はAdd-on（アドオン）*を利用していきました。

その後、2015年にSAP社では、新しいバージョンのS/4HANAが投入されました。このS/4HANAへのバージョンアップにあたって、Add-onプログラムの移行が問題となるため、標準に合わせて導入しようとする**Fit To Standard***といった考えに基づいて導入する企業も多く出てきました（図3）。

また、最近では、オンプレミス型*のシステム基盤から、デジタル化を取り入れたクラウド型*のERPパッケージを利用する形態が多くなってきました。

図3　個別開発システム→パッケージの活用

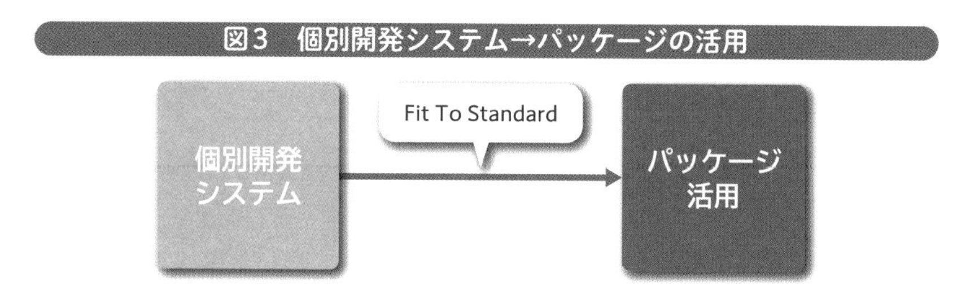

* **Add-on**……標準の機能に、独自の機能を追加すること。
* **Fit To Standard**……標準の機能を標準の機能のまま使うこと、やり方を標準の機能に合わせて使うこと。
* **オンプレミス型**……自社の中にサーバーなどの環境を設置して使う形態のこと。
* **クラウド型**……データセンターなどを利用して使う形態のこと。

6 ERPが目指す方向

ワンポイント

- 自動化
- デジタル・クラウド化
- データ中心
- プロセス中心
- シンプル＆使い分け

自動化

ERPが目指す方向の1つが**自動化**ですが、ロボットや**IoT**、**AI**を活用したシステムによって、これからの少子・高齢化の時代に、重要な役割を担っていくものと思われます。

IoTは、Internet of Things（インターネット オブ スィングス）の略で、様々なモノや建物、車、電子機器などを、インターネットを通じてサーバーやクラウドサービスと接続し、相互に情報交換をする仕組みのことです。

AIは、Artificial Intelligence（アーティフィシャル インテリジェンス）の略で、人間に変わって、記憶や学習、推論、判断などの高度な作業をコンピュータが行う仕組みのことです。

SAPの例では、S/4HANAの周辺システムが、ロボットやIoTなどを使ってデータを集め、それを**ビッグデータ***として蓄積し、AIに分析させ、新しいソリューション*を提案するといったビジネスモデルの中核に、ERPシステムが位置づけられるようになってきました。最近の電子商取引の対応も含めて、ERPパッケージの中のデータベースに取込んでいくものと思われます（図1）。

* **ビッグデータ**……ショッピングの購買履歴など、大量のデータのこと。
* **ソリューション**……問題・課題を解決するための方法。

図1　ロボット、IoT、ビッグデータ、AIの活用

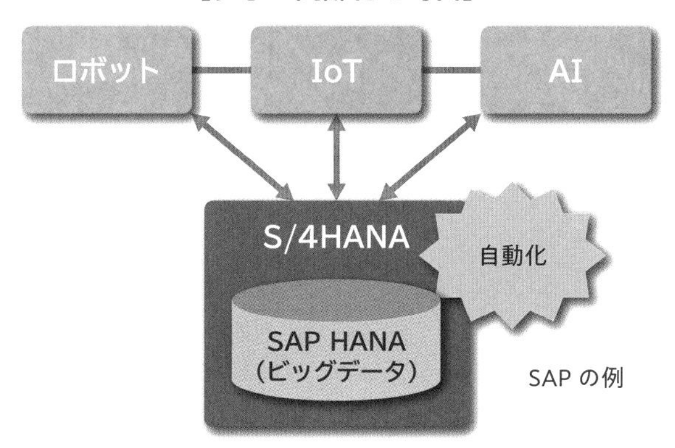

デジタル・クラウド化

さらにERPシステムは、技術の進展により、**デジタル化**された、いろいろなデータが簡単に取込めるようになってきました。また、**クラウド化**により、スマートフォンとWi-Fiがあれば、いつでもどこからでもERPシステムを利用できます（図2）。

図2　顧客情報のデジタル・クラウド化のイメージ

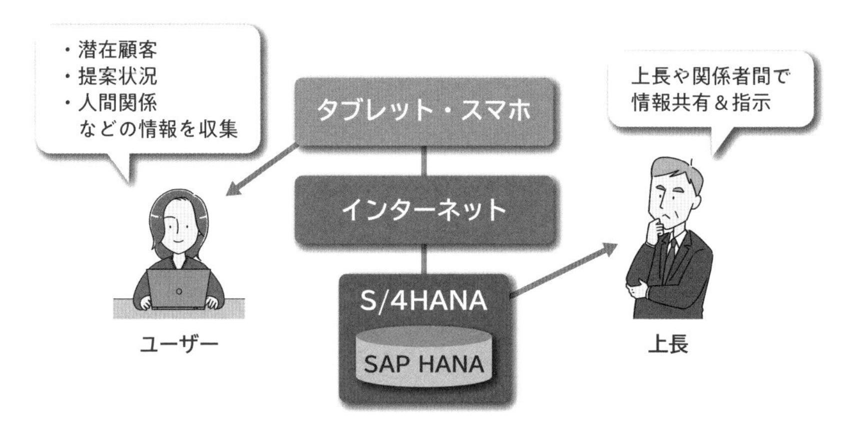

こうした中、顧客体験情報の共通化やパーソナライズ化*により、顧客訪問結果情報や、提案状況、人間関係情報などの顧客情報のデジタル化がさらに進んでいくものと思われます。

従業員に対しても迅速に戦略を伝えたり、パートナーとのやり取り情報もデジタル化が進み、毎日、会社に集まって状況を確認するといったことが少なくなると予想されます。

データ中心

近年では、情報系といわれる、マーケティング分野における、柔らかい不確かな情報とERPの業務系データの統合が大きな流れになってきました。今まで別々のシステムとして取り組んできましたが、これからは、1つのERPシステムの中に組み込んでいこうとしています。

情報系のデータと業務系のデータを一元管理し、今現在の生の情報を自ら取り出し、多次元分析の**BIツール***などを活用して、意思決定に役立てることができるようになってきました。**生データ**を活用し、**データ中心**に経営判断を行っていく方向が考えられます(図3)。

図3 情報系データと基幹系データの一元管理

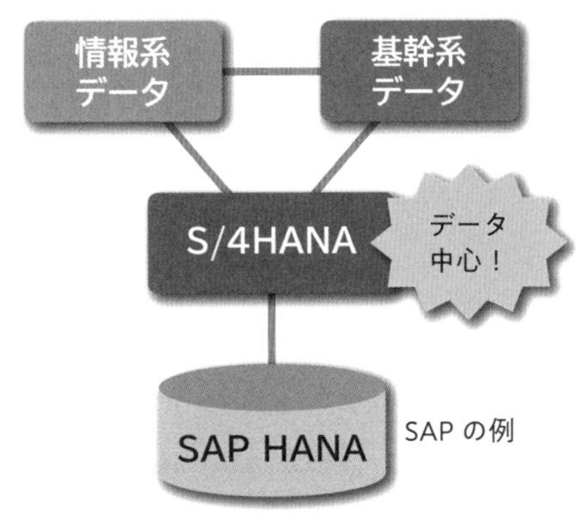

* **パーソナライズ化**……ユーザー個人の属性や行動履歴などをもとに、最適な情報やサービスを提供するマーケティング手法。
* **BIツール**……Business Intelligence ツールの略。会社が保持するデータを分析し、見える化するツール。

プロセス中心

CRMは、Customer Relationship Management（カスタマー リレーションシップ マネジメント）の略で、「顧客関係管理」と訳されます。このCRMとERPのプロセス*が統合され、潜在ニーズの収集から、潜在顧客の発掘、その中から見込み顧客を絞り込み、受注できたら顧客へとデータを繋げていくことが可能になってきました。

また、サービス提供後のアフターサービスプロセスから発生した情報を分析し、フィードバックすることで、より顧客との信頼関係を構築できるようになってきました。このように、プロセスを**End To End***でデザインし、**プロセス中心**で会社の仕組みを変えていこうとする会社も増えてきました（図4）。

図4　CRMと基幹業務のプロセス&データの統合

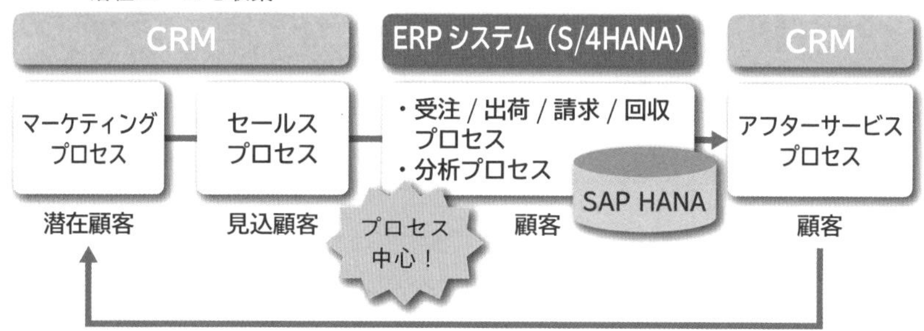

シンプル&使い分け

また最近では、1つのインスタンス*上で、リアルタイムに情報系と業務系の基幹業務処理が行われるようになってきました。この考え方は、リアルタイムにデータを分析・活用できるだけでなく、1つのIT基盤上で仕組みを管理・統制していくことで、**IT統制**上も有効だと言われています。

そして、ERPパッケージは**標準**のまま使う、例えば、ユーザーインターフェースの使い勝手向上のためのAdd-onや、ローカルルールなどに対応す

＊ **プロセス**……仕事の手順のこと。
＊ **End To End**……はじめのプロセスから最後のプロセスまでをつなげて仕組みをデザインする方法。
＊ **インスタンス**……実際に稼働しているサーバー上の実行環境のこと。

るための機能拡張は行わずに、パッケージに合わせて、**シンプルなERPシステム**として使いこなしていく、という考え方を取り入れる会社が増えてきました。

どうしても、標準機能で対応できない機能については、ERPパッケージと切り離して、ERPの外のサードパーティ製品*を利用する考え方を採用する会社も増えています。

図5は、SAPの例ですが、例えば、電子署名、請求書の作成、勤怠管理などの周辺システムを、クラウドのサービスとして提供するサードパーティの会社のアプリケーションを利用した例です。クラウドベースですので、初期投資も少なく、すぐに使えるサービスとして人気があります。紙を使わずに電子(デジタル)データやメールを活用しているので、テレワーク中心の仕事のやり方にふさわしい仕組みになっています。

なお、SAPでは、ERPシステムとこれらの周辺システムは、公開されたインターフェースの**SAP BTP**(Business Technology Platform(旧Cloud Platform))を通して接続して、利用できるようになっています。

図5 ERPシステムと周辺システムの使い分け

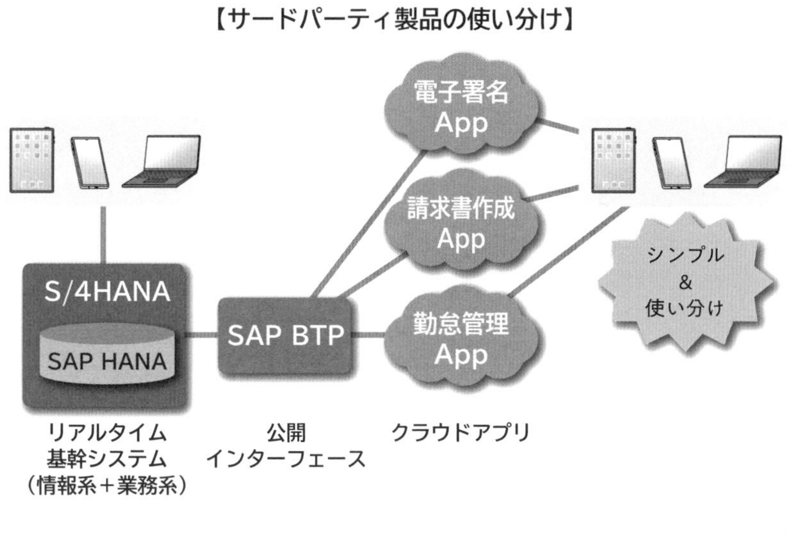

＊ **サードパーティ製品**……互換性のある他社製品のこと。

コラム　様々な言語、通貨も使える

会社は、様々な国々と取引を行っています。使用する言語も様々です。そのため、いろんな国にいる社員たちと一緒に仕事をしていくためには、それぞれの言語が使える仕組みが必要です。

また、世界の得意先や仕入先と取引する際には、円だけでなく、ユーロやドルなど様々な通貨が使用されています。これらの言葉や通貨に対応することを前提に会社の経営資源として、データベース上で管理していく必要があります。

第 2 章

SAPの基礎知識

第2章では、SAP社のERPパッケージ製品である SAP S/4HANAの概要とその導入方法、データベースのSAP HANAの仕組み、プロジェクトの進め方などについて学びます。

SAP社とは

ワンポイント

- ERPパッケージ製品のR/3、S/4HANAで有名なドイツの会社
- ERP市場で大きなシェアを持っている
- ERP製品や様々なサービス提供を行っている

ERPパッケージ製品で有名なドイツの会社

SAP*社は、ドイツに設立された会社で、企業向けのソフトウェア・パッケージであるERPパッケージを作っている、**R/3、S/4HANA**で有名な会社です。

1972年に、当時、IBMのドイツ法人を辞めたエンジニアたちによって創業された50年以上の歴史のある会社です。

ERP市場で大きなシェアを持っている

SAP社は、ERP市場で大きなシェアを持っていて、世界で430,000社、日本では推定3,500社以上の顧客を持ち、世界150カ国以上で事業を行っています(2022年12月時点)。

そのため、多通貨、多言語の機能が標準装備されています(図2)。

SAP社のERP製品は、1990年代に日本に入って来ました。また、Oracle*などのSAP社以外の多くのERPパッケージ提供会社もこの頃に日本にやって来ています。

* **SAP**……System Analysis and Program Developmentの略、システム分析とプログラム開発の意味。
* **Oracle**……データベースやERPパッケージなどを提供している会社、およびその製品のこと。

SAP社のERPパッケージの種類

ワンポイント

- SAP社のERPパッケージは、3種類ある
- 大企業・中堅企業向けのS/4HANA
- 中堅・中小企業向けのB1(Business One)、ByDesign

3種類ある

SAP社のERPパッケージと呼ばれる製品は、大きく分けると、大企業・中堅企業向けのS/4HANA、中堅・中小企業向けのB1とByDesignの3種類があります(図1)。

図1　3種類のERPパッケージ

【大・中堅企業向け】

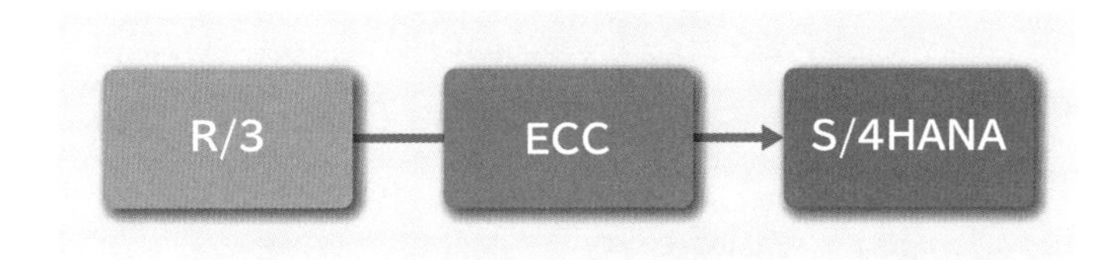

【中堅・中小企業向け】

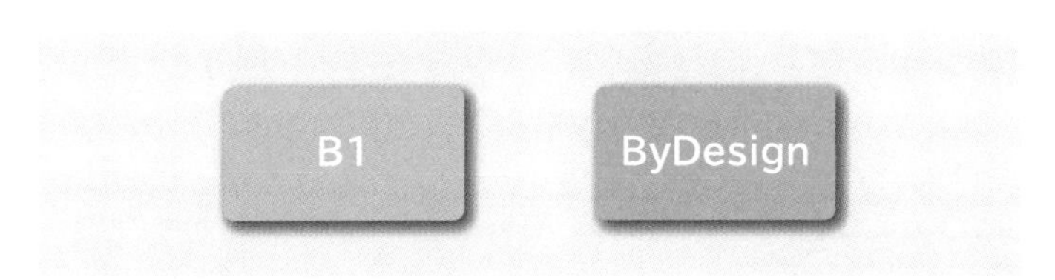

大企業・中堅企業向けのS/4HANA

大企業・中堅企業向けのS/4HANAは、R/3→ECC*→S/4HANAへとバージョンアップしながら進化してきたものです。ECCでは、オンプレミスによる利用が中心でしたが、S/4 HANAは、**オンプレミス**でも**クラウド**でも利用できるようになっています。

データベースは、SAP社が開発した、インメモリデータベースの**SAP HANA**を利用する形になっています(図2)。

図2 データベースはSAP HANA

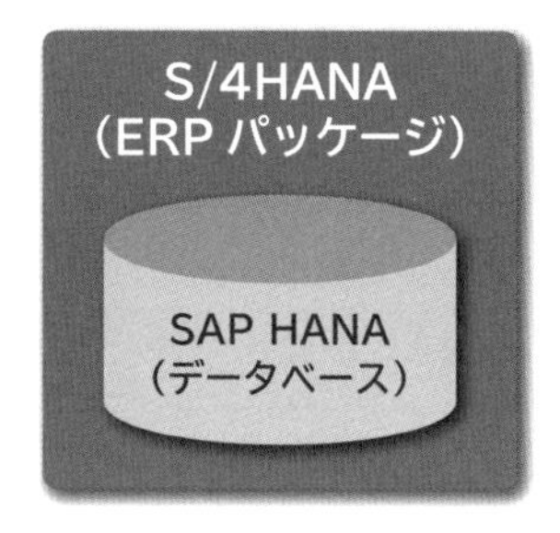

中堅・中小企業向けのB1、ByDesign

中小企業や中堅企業向けには2種類のERPパッケージが用意されており、1つめが**B1**(正式名称は、**SAP Business One**)と呼ばれる製品です。これは、大企業向けのERPパッケージが持っている機能を少し減らしてシンプルにしたもので、使い勝手が良いものになっています。

2つめは、SAP社が**オンデマンド***で提供する中堅企業向けのERPパッケージ提供サービスの**ByDesign**(正式名称は、**SAP Business ByDesign**)です。36種類のビジネスシナリオが用意されていて、クラウドで利用します。自社に特別な基盤を持つ必要がないため、短期間での導入が可能となっています。

* **ECC**……ERP パッケージの SAP S/4HANA の 1 つ前のバージョンのこと。ERP 6.0 とも言う。
* **オンデマンド**……サービスの提供形態のこと。ここでは、SAP 社が自社のデータセンターを元に提供するサービスのこと。

SAP社のERPパッケージのコンセプト

ワンポイント

- 全体最適
- One Fact One Place、and Real Time
- リアルタイム経営の実現

全体最適

全体最適は、経営資源を一元管理することで会社の基幹業務処理の全体最適化を目指し、そのための仕組みを提供します。

SAP社が最も大切にしているコンセプト

One Fact One Place、and Real Timeは、SAP社が最も大切にしているERPパッケージのコンセプトです（図1）。日本語にすると、「すべての活動をデータの発生個所でリアルタイムに記録する」という意味になります。

図1　SAP社のERPパッケージのコンセプト

全体最適
↓
リアルタイム経営の実現
↓
One Fact One Place,and Real Time
（すべての活動をデータの発生個所でリアルタイムに記録する）

つまり、**リアルタイム経営**の実現を目指すという考え方に基づいて、SAP社の製品は作られています。

リアルタイム経営の実現

S/4HANAの前のバージョンにR/3がありました。このR/3の「R」は、Real Timeの「R」だと言われています。リアルタイム経営の仕組みをどうやって実現しているのか、**販売プロセス**を例にして考えてみましょう(図2)。

例えば、商品1個を販売した場合の一般的な販売プロセスは、受注→出荷→請求→入金となります。

注文を受けると、受注伝票を登録します。受注伝票から出荷伝票を作成し、倉庫から商品を1個取り出してお客様に届けます。そして、倉庫から商品を1個取り出したら、商品が1個在庫から減少したことをデータベースに記録します。その後、お客様に代金の請求書を発行して送付します。

この時、お客様に対する売掛金*の発生データと売上計上データを、データベースに記録します。この後、お客様から販売代金が入金になったら入金処理を行い、預金が増えるデータと同時に売掛金が減少するデータをデータベースに記録します。

図2 リアルタイム経営の実現の仕組み

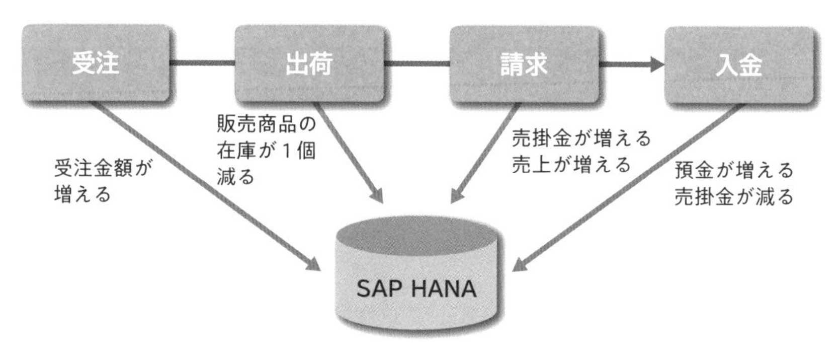

* **売掛金**……得意先にツケで販売した代金のこと。

このように、ERPシステムでは、活動の発生場所からの処理に紐付いて、裏側で自動的に関連するデータをデータベースに記録する仕組みになっています。

その結果、受注時点、出荷時点、請求時点、入金時点のそれぞれのタイミングで、今どうなっているかがわかります。このことを**リアルタイム経営の実現**と言っています。

コラム 様々なサービスを提供しているSAP社

SAP社は現在、S/4HANAというERPパッケージ製品を提供していますが、ERPパッケージ製品のほか、下記のような様々なサービス提供も行っています。

- 周辺アプリケーションの提供、特にクラウド系のもの
- コンサルティングサービス
- データセンターの提供
- プロジェクト支援サービス

4 データベースの進化

ワンポイント

- 初期はDBMS、R/3とECCではRDBMS、S/4HANAではSAP HANA
- DBMSはツリー型、ネットワーク型構造、RDBMSはリレーショナル型構造
- SAP HANAはRDBMS+高速化機能+分析ツール付き

初期はDBMS、R/3とECCではRDBMS、S/4HANAではSAP HANA

初期のデータベースは、ツリー型やネットワーク型でしたが、R/3やECCでは、リレーショナル型の**RDBMS***が使われてきました。

代表的なものにOracleや、SQL Server*などがあります。S/4HANAでは、SAP社が独自に開発したデータベースであるSAP HANAが採用されています(図1)。

図1 データベースの進化

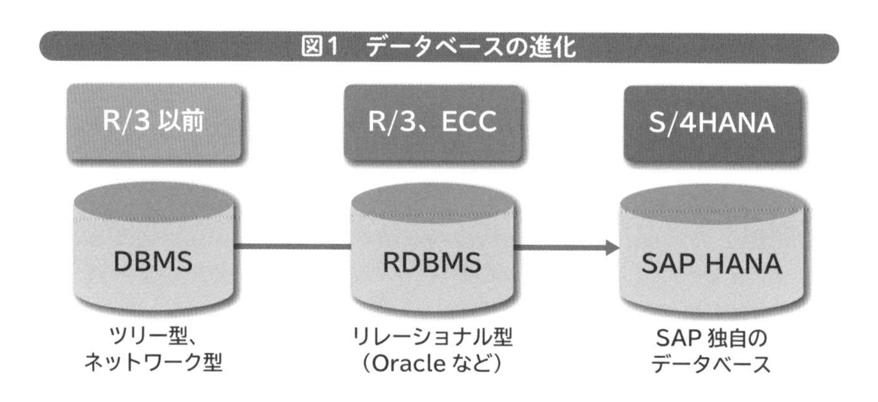

＊ **RDBMS**……Relational DataBase Management Systemの略。関連のあるデータを列と行からなる表に似た構造で管理する。

＊ **SQL Server**……Microsoft社が開発したRDBMS。企業で利用されることが多い。

ツリー型、ネットワーク型、リレーショナル型の構造

ツリー型は、木構造とも言われるもので、親データから子データへ詳細化して持つ階層型になっています（図2）。

図2　ツリー型の例

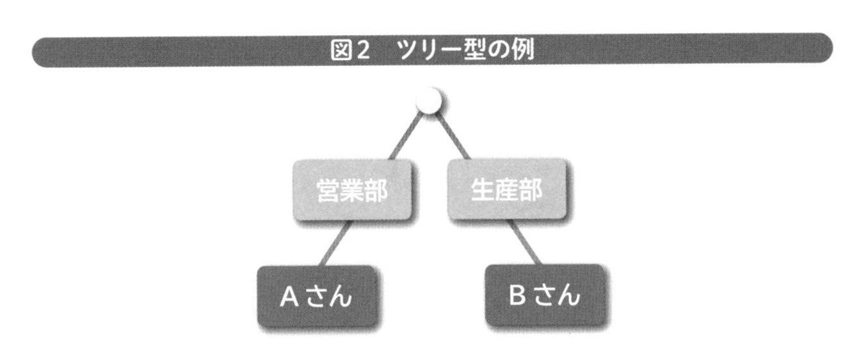

ネットワーク型は、データの関係性を表したものでデータの構造に依存します（図3）。

図3　ネットワーク型の例

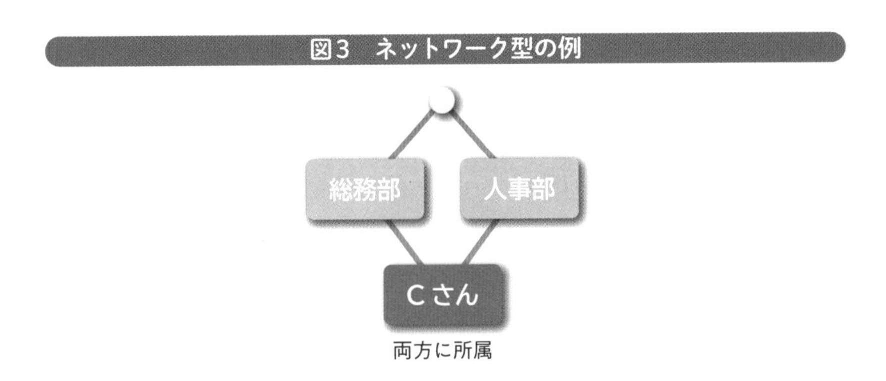

リレーショナル型は、列と行から構成される二次元の表で、表を1つのテーブルとして、また、表と表をジョイン（結合）して利用します（図4）。

図4　リレーショナル型の例

社員テーブル

社員番号	氏名	部コード
101	山田さん	20
102	鈴木さん	10
103	佐藤さん	30

部名テーブル

部コード	部名
10	営業部
20	経理部
30	生産部

ジョイン(結合)

部名入り社員テーブル

社員番号	氏名	部コード	部名
101	山田さん	20	経理部
102	鈴木さん	10	営業部
103	佐藤さん	30	生産部

SAP HANAは、RDBMS+高速化機能+分析ツール付き

SAP HANAは、**インメモリ**や**カラムストア**、**圧縮***などの考え方を取り入れ、従来から使われてきた、OracleやSQL Serverなどのデータベースとは異なった技術を採用しています。また分析ツールも付いています。

「インメモリ」については、メインメモリ上にデータを展開しながら処理する方式を採用しています。

処理時間がかかる補助記憶装置とのやり取りを切り離して、バックグラウンド*で行うことで、処理性能を向上させています。

また「カラムストア」については、従来、あるファイル上のデータを検索する場合、検索キー*にヒットするデータを、索引などを使いながらレコード*単位に読み込んで処理(**ローストア方式**)してきましたが、この「カラムストア」方式では、各レコード上の項目単位(列単位)に検索します。

もし、図5の得意先列のB社のように同じ情報があれば、圧縮することで、アクセス回数を減らす方式を採用しています。また、検索に必要な列のみを検索対象にすることで、処理効率の向上を図っています。

＊**圧縮**……ここでは、重複するデータを１つにまとめること。
＊**バックグラウンド**……クライアント側と切り離して、サーバー側だけで実行すること。
＊**検索キー**……検索を早くするためのキー、インデックス。
＊**レコード**……データの集まりのこと。ファイルは、レコードの集まりでできている。

図5　SAP HANAの例

従来のデータベース

注文番号	得意先	製品	価格
1001	A社	米	400
1002	B社	大豆	1000
1003	B社	米	420
1004	C社	小麦	500

SAP HANAのカラムストア方式とローストア方式の違い

カラム（列）ストア

注文番号
1001
1002
1003
1004

得意先
A社
B社
B社
C社

圧縮

製品
米
大豆
米
小麦

価格
400
1000
420
500

ロー（行）ストア

1001	A社	米	400

1002	B社	大豆	1000

1003	B社	米	420

1004	C社	小麦	500

コラム　RPAの活用について

ロボットが部屋の掃除をしてくれたり、毎日、決まった時間に為替レートをある銀行のサイトから取り込んでくれるなど、ロボットが人間に代わって調べごとをしてくれる時代になりました。このロボットのことをRPA(Robotic Process Automation)と言います。働き方改革など、日本のビジネス環境の変化に伴い、近年、注目されています。定型的な業務はロボットに任せ、判断が必要な業務や、より付加価値の高い業務へシフトしていけるように自動化に向けた様々な取り組みが行われています。

S/4HANAの種類

ワンポイント

- おおまかに3種類ある
- オンプレミス版
- クラウドのパブリック版とプライベート版

おおまかに3種類ある

S/4HANAは、おおまかにオンプレミス版、クラウド版の中のパブリックとプライベートの３種類があります(図１)。

図1　S/4HANAの種類

【おおまかに３つに分類される】

①オンプレミス版

自社内もしくはSAP社以外のデータセンター利用も含む

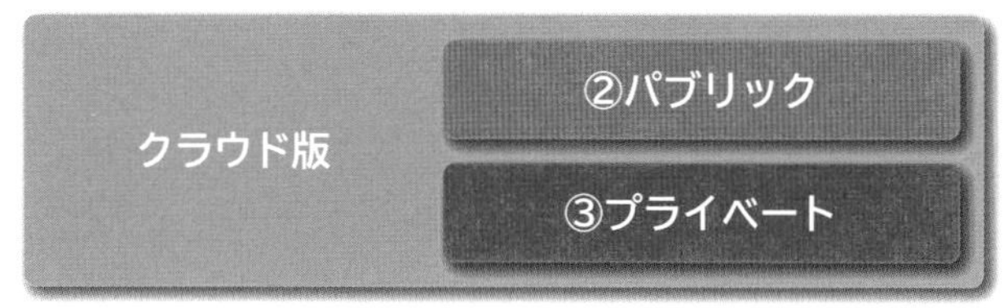

SAP社のデータセンター利用

オンプレミス版

オンプレミス版は、自社内にサーバーなどを設置して、その上で、S/4HANAを利用する形態です。旧バージョンのECCをバージョンアップして利用するケースがこれに当たります。

なお、SAPでは、SAP社以外のデータセンター*を利用する場合もオンプレミスと定義しています。機能はフルスコープ*利用できます。また、ユーザーインターフェースは、従来の**SAP GUI***と**Launchpad**(ランチパッド)*のいずれも利用可能です。

クラウドのパブリック版とプライベート版

SAPのデータセンターのクラウド上に、ほかの会社の人たちと同じ環境を共有しながら利用する方法が**クラウド・パブリック版**で、SAPのデータセンターのクラウド上に、自社専用の環境を用意して利用する方法が**クラウド・プライベート版**になります。

機能についてですが、プライベート版はフルスコープ利用できますが、パブリック版はコア機能*のみ利用可能となっています。また、ユーザーインターフェースは、プライベート版は、従来のSAP GUIとLaunchpadのいずれも利用可能ですが、パブリック版は、Launchpadのみとなっています(表1)。

表1 S/4HANAのクラウド概要

利用形態	パブリック/プライベート	概要
クラウド (SAPのデータセンターを使用)	パブリック版	・共通の環境を利用
		・コア機能が使える
		・UIはLanchpad
	プライベート版	・自社専用の環境を利用
		・フルスコープが使える
		・UIはSAP GUI or Launchpad

＊**データセンター**……プログラムやデータの保管・管理を専門に行う場所のこと。
＊**フルスコープ**……会社の基幹業務のすべての領域を対象としていること。
＊**SAP GUI**……SAPのGraphical User Interfaceの略。利用者とコンピュータとのやり取りの入り口のこと。
＊**Launchpad**……S/4HANAで追加になった、利用者とコンピュータとのやり取りの入り口のこと。
＊**コア機能**……購買・在庫、生産、販売、人事、会計業務機能のこと。

6 S/4HANAで変わったこと

ワンポイント

- リアルタイムデータの分析・活用
- バッチ処理からの解放
- TCO(Total Cost of Ownership)の削減
- インテリジェンス機能の充実
- Fioriの採用

リアルタイムデータの分析・活用

S/4HANAでは、基幹システムから蓄積できる実績生データと、その前後に存在する受注前の潜在的な顧客情報などを、SAP HANA上で一元管理することで、OLTP*とOLAP*を同時に実現することができるようになりました(図1)。

図1 リアルタイムデータの分析・活用

OLTP
OLAP
業務処理
分析処理
SAP HANA

* **OLTP**……Online Transaction Processingの略。トランザクション処理をリアルタイムで行い、特定のレスポンスに素早く返す処理方法のこと。「オンライントランザクション処理」と訳される。
* **OLAP**……Online Analytical Processingの略。データを多次元的に分析し、その結果を迅速にユーザーに返す処理手法のこと。「オンライン分析処理」と訳される。

バッチ処理からの解放

また、S/4HANAでは処理スピードが向上しましたが、それによって時間がかかったデータの中間テーブルへの集計処理や**データウェアハウス**＊へのデータ蓄積のためのバッチ処理などから解放されます。また、生データを必要な都度、集計して使用してもレスポンス＊を気にする必要がなくなります(図2)。

図2 バッチ処理からの解放

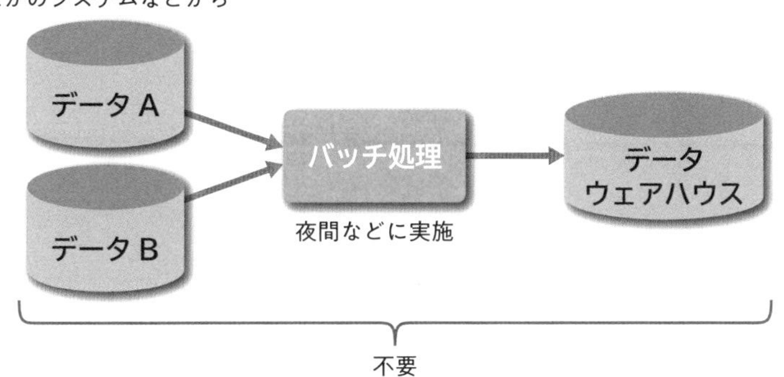

TCOの削減

さらにS/4HNANでは、**TCO**＊の削減が可能になりました。S/4HANAでサブスクリプション契約＊ができるようになったことで、購入から廃棄またはサービスの解約までにかかる費用の総所有コストを削減することができるようになりました。

システム構築時の初期投資コストや将来の企業成長に合わせた拡張コストなどを抑え、必要な分を必要な時に追加できるようになっています。

また、BASIS＊的なサポートをSAP社からサービスとして受けることで、インフラまわりの管理コストを長期的に低減することができます。

＊ **データウェアハウス**……膨大なデータを整理・分析しながら目的別に保管するデータベースのこと。
＊ **レスポンス**……何かを入力してその結果を得るまでにかかる時間のこと。
＊ **TCO**……Total Cost of Ownershipの略。ITシステムを企業が導入する際に必要となる、ハードやソフトの購入費用や維持管理にかかわるすべての費用の総額のこと。「総所有コスト」と訳される。
＊ **サブスクリプション契約**……一定期間を設定し、利用料を月いくらとかで契約する料金プラン。
＊ **BASIS**……ユーザー管理や移送、サーバーの構築など共通的な領域のこと。

インテリジェンス機能の充実

AIを活用した機械学習などにより、自動化・高度化を図ることができるようになりました。例えば、銀行からの入金データを使った売掛金の自動消込*など、個々のプロセスの高度化が実現できます(表1)。

表1 インテリジェンス機能の充実

例	インテリジェンス機能の例
1	固定資産の一括除却
2	売掛金の入金消込提案
3	Excelからの受注伝票の自動登録
4	Excelからの返品伝票の自動登録
5	有効期限が近づいている販売見積りの提示
6	期限切れが近づいているサービス契約の提示
7	実地棚卸の監視
8	滞留在庫の早期検出など

Fioriの採用

ユーザーインターフェースとして、従来のSAP GUIのほかに**Fiori***が追加されました。ECCのように画面上に多くのボタンを配置するのではなく、ユーザーの役割と業務フローを意識した、シンプルで直感的な画面になっています。

パソコンのほか、スマホやタブレットでも利用できるので、場所や時間に制約されることなく、S/4HANAにアクセスすることができます。また、**ワークフロー***の申請や承認、データ分析などにも使用することができます。

＊ **消込**……例えば、請求した金額と入金になった金額とを消し込むこと。
＊ **Fiori**……ユーザーとのインターフェース機能を担当する開発言語。HTML5、JavaScript、CSSなどのオープンな技術が使われている
＊ **ワークフロー**……社内の申請書などの申請～承認の流れを実装する機能。

S/4HANAの全体像

ワンポイント

- 会社の基幹系業務が対象
- Launchpadによるメニュー

会社の基幹系業務が対象

S/4HANAの全体像について説明しましょう。S/4HANAは、会社の基幹系業務が対象で、特定の業務に関連する複数の機能をまとめたプログラムの集まりである**モジュール**によりパッケージが構成されています(図1)。

図1 SAP S/4HANAのメニュー例(SAP GUI)

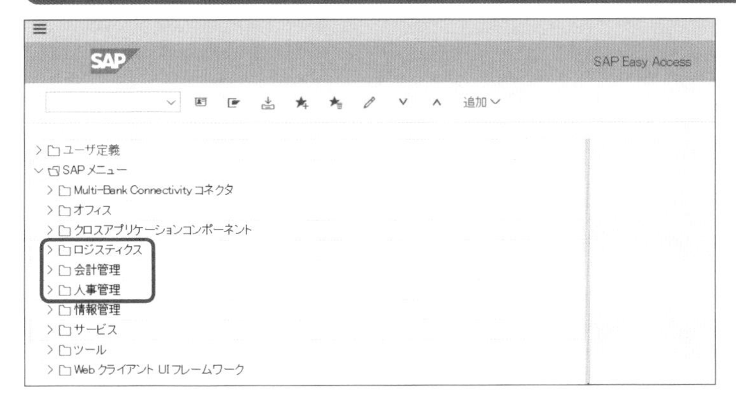

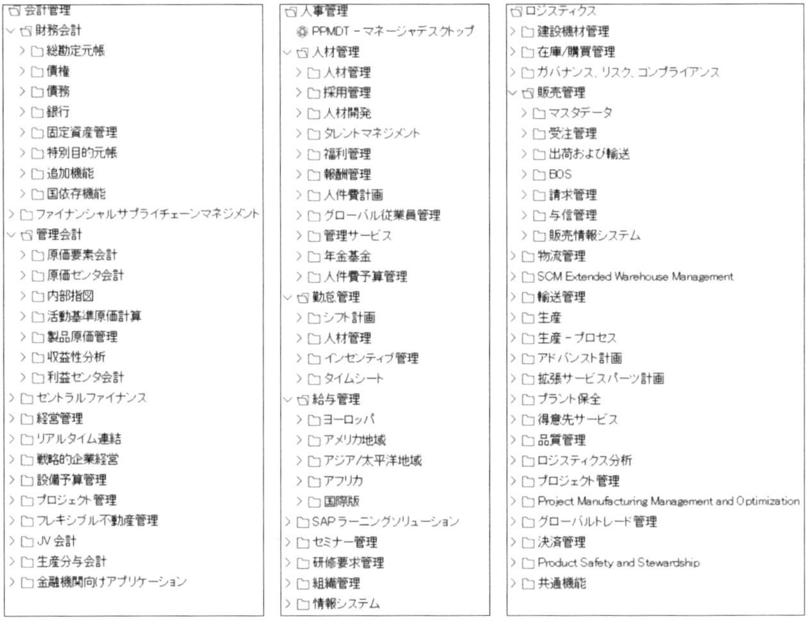

- 会計管理
  - 財務会計
    - 総勘定元帳
    - 債権
    - 債務
    - 銀行
    - 固定資産管理
    - 特別目的元帳
    - 追加機能
    - 国依存機能
  - ファイナンシャルサプライチェーンマネジメント
  - 管理会計
    - 原価要素会計
    - 原価センタ会計
    - 内部指図
    - 活動基準原価計算
    - 製品原価管理
    - 収益性分析
    - 利益センタ会計
  - セントラルファイナンス
  - 経営管理
  - リアルタイム連結
  - 戦略的企業経営
  - 設備予算管理
  - プロジェクト管理
  - フレキシブル不動産管理
  - JV会計
  - 生産分与会計
  - 金融機関向けアプリケーション

- 人事管理
  - PPMDT - マネージャデスクトップ
  - 人材管理
    - 人材管理
    - 採用管理
    - 人材開発
    - タレントマネジメント
    - 福利管理
    - 報酬管理
    - 人件費計画
    - グローバル従業員管理
    - 管理サービス
    - 年金基金
    - 人件費予算管理
  - 勤怠管理
    - シフト計画
    - 人材管理
    - インセンティブ管理
    - タイムシート
  - 給与管理
    - ヨーロッパ
    - アメリカ地域
    - アジア/太平洋地域
    - アフリカ
    - 国際版
  - SAPラーニングソリューション
  - セミナー管理
  - 研修要求管理
  - 組織管理
  - 情報システム

- ロジスティクス
  - 建設機材管理
  - 在庫/購買管理
  - ガバナンス、リスク、コンプライアンス
  - 販売管理
    - マスタデータ
    - 受注管理
    - 出荷および輸送
    - BOS
    - 請求管理
    - 与信管理
    - 販売情報システム
  - 物流管理
  - SCM Extended Warehouse Management
  - 輸送管理
  - 生産
  - 生産 - プロセス
  - アドバンスト計画
  - 拡張サービスパーツ計画
  - プラント保全
  - 得意先サービス
  - 品質管理
  - ロジスティクス分析
  - プロジェクト管理
  - Project Manufacturing Management and Optimization
  - グローバルトレード管理
  - 決済管理
  - Product Safety and Stewardship
  - 共通機能

その中のモジュールについて見ていきましょう。主なモジュールにどのようなものがあり、それをどんな時に使用するのかを紹介します。モジュールは、大きく分けて、**ロジ系***、**会計系**に分けて用意されています。

ロジ系

購買管理(MM)、設備管理(EAM)、倉庫管理(EWM)、生産管理(PP)、製造実行(PEO)、工事·プロジェクト管理(PS)、販売管理(SD)、カスタマーマネジメント(CM)、輸送管理(TM)があります。

会計系

財務会計(FI)、資金管理(TR)、管理会計(CO)などがあります。

また、データベースには、SAP HANAが使用されています(図2)。

* **ロジ系**……ロジは、「ロジスティクス」の略。原材料の調達から消費者に商品などを届けるまでの一連の流れを管理する。

図2 S/4HANAに用意されている主なモジュール例

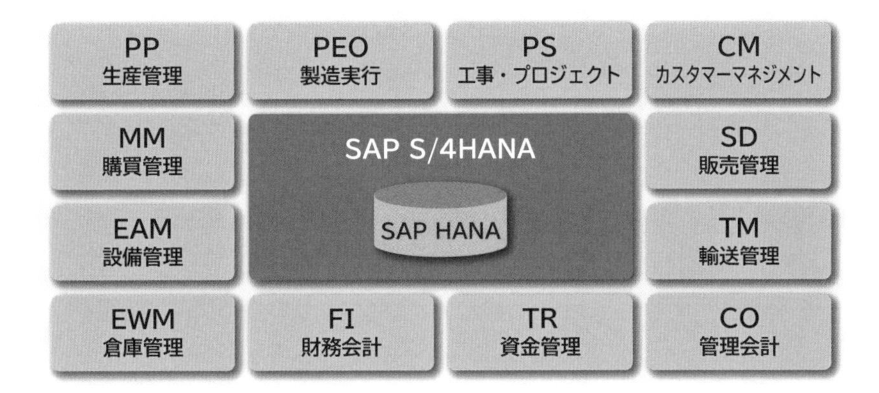

購買管理（MM）

MMは、Material Managementの略です。製品の製造に必要な原材料の調達・在庫管理、販売する商品の仕入れ・在庫管理などに関する業務処理をサポートするモジュールです。

設備管理（EAM）

EAMは、Enterprise Asset Managementの略です。工場などで持っている設備の保全管理をサポートするモジュールです。点検計画や図面管理、点検マニュアル管理などもサポートします。

倉庫管理（EWM）

EWMは、Extended Warehouse Managementの略です。倉庫管理のモジュールのことです。倉庫の構造を定義し、定義した倉庫内の在庫移動や棚番ごとの在庫管理をサポートします。

生産管理（PP）

PPは、Production Planning and Controlの略です。生産計画から製造現場で必要な製造指図*管理、工程管理などをサポートするモジュールです。

＊ **製造指図**……製品を作る時に発行する指示書のこと。

製造実行（PEO）

PEOは、Production Engineering & Operationの略です。技術部門と製造現場管理の情報を一気通貫で管理するモジュールです。設計変更などに素早く対応することができます。

プロジェクト管理（PS）

PSは、Project Systemの略です。設計・工事や情報システムの構築などの場面でプロジェクトごとのスケジュールやリソース管理、収支管理をサポートするモジュールです。

カスタマーマネジメント（CM）

CMは、Customer Managementの略です。販売管理(SD)と密接に関係します。マーケティングやセールス、そしてアフターサービスなどをサポートするモジュールです。

販売管理（SD）

SDは、Sales and Distributionの略です。購買管理(MM)と密接に関係します。販売のための見積り～受注～出荷～請求のプロセスをサポートするモジュールです。

輸送管理（TM）

TMは、Transportation Managementの略です。国内/海外の輸送管理をサポートするモジュールです。効率的な配車・実行、車両・ドライバーの管理、運賃計算などにより輸送コストの軽減をサポートします。

財務会計（FI）

FIは、FInancial Accountingの略です。会計伝票の入力から仕訳帳*の作成、総勘定元帳*の作成、試算表の作成、そして外部への公表用の財務諸表*の作成といった、簿記一連の会計処理を実現するモジュールです。多くの会計伝票は、ほかのモジュールから自動仕訳*でリアルタイムに転記されます。債権*・債務*や固定資産の管理も行うことができます。

＊ **仕訳帳**……仕訳した会計伝票の集まりで全部が載っている帳簿。
＊ **総勘定元帳**……仕訳帳を元に勘定科目ごとに会計伝票を転記した帳簿。
＊ **財務諸表**……貸借対照表（B/S)、損益計算書（P/L)、キャッシュフロー計算書（C/S）のこと。

資金管理（TR）

TRは、Treasury and Risk Managementの略です。資金繰り実績の把握や銀行口座別の将来の残高把握や、得意先別の入金予定、仕入先別の支払予定の把握などをサポートするモジュールです。資金管理ポジション*と流動性予測機能*があります。

管理会計（CO）

COは、Controllingの略です。財務会計(FI)と密接に関係します。実績と予算、利益や原価など経営者に向けた情報を提供するモジュールです。

Launchpadによるメニュー

S/4HANAで追加されたLaunchpadのサンプルメニューを紹介します(図3)。

このメニューでは、会計、購買・在庫、販売、マスタなどで利用するタイルをグルーピングしています。

会計では、S/4HANAで追加されたFioriアプリの『F0718』の振替伝票入力、従来から使ってきた『FB50』の振替伝票入力、『FB60』の仕入先請求書入力、『FB70』の得意先請求書入力などを用意したものです*。

帳票関係では、仕訳帳、総勘定元帳、合計残高試算表、財務諸表などを、照会関係では、伝票照会、GL残高照会、得意先残高照会、仕入先残高照会、得意先入金消込、仕入先支払消込などを用意したサンプルメニューとなっています。

購買·在庫では、在庫状況照会、購買依頼登録、購買発注、発注入庫登録、請求書受領入力などを用意したものです。

販売では、受注見積入力、受注伝票入力、出荷伝票登録、請求書などを用意したものです。

＊ **自動仕訳**……人間に代わってコンピュータが会計伝票を起票すること。
＊ **債権**……得意先に商品を販売した代金のうち、まだもらっていない分のこと。
＊ **債務**……仕入先から仕入れた商品の代金のうち、まだ、支払っていない分のこと。
＊ **資金管理ポジション**……日々の現預金の実績金額を把握する機能のこと。
＊ **流動性予測機能**……将来の入出予定金額を把握する機能のこと。
＊ **会計では〜ものです**……詳しくは、本文109ページを参照。

図3 Launchpadのサンプルメニュー

S/4HANAの周辺アプリケーション

ワンポイント

- 様々な周辺アプリケーションがある
- SAPのAnalyticsアプリを紹介

様々な周辺アプリケーションがある

S/4HANAの周辺アプリケーションには、下記のものがあります(図1)。

図1　S/4HANAの周辺アプリケーション

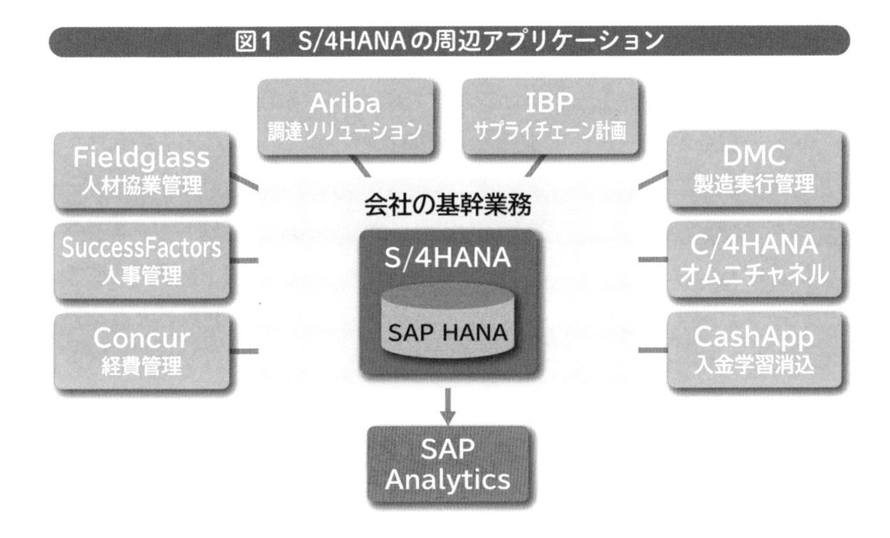

- Ariba(アリバ)……生産に直接かかわらない経理や総務部門などの調達を管理
- Fieldglass(フィールドグラス)……契約社員や協力会社の要員調達を管理
- SuccessFactors(サクセスファクター)……社員の採用、開発、育成、配置、評価などの人事を管理

- Concur(コンカー)……社員の経費精算、出張精算を管理
- C/4HANA……マーケティング、セールス、コマース、サービスなどの機能を持つCRM*をサポート
- Cash Application(キャッシュ アプリケーション)……AIを活用した売掛金などの入金機械学習消込、いわゆる入金消込処理をサポート
- IBP*……サプライチェーン計画ソリューション
- DMC*……工場の製造実行管理ソリューション

データを多面的に分析するSAPのAnalyticsアプリ

Analytics(アナリティクス)とは、データを多面的に分析し、かつ活用することで、経営に役立てようとする手法のことです。ここではクラウド製品のSAP Analytics Cloudを紹介いたします。

SAP Analytics Cloudでは、データの分析・可視化および予算・計画、予測・機械学習機能をワンストップで提供するAnalytics機能、スクリーンにタッチしながら経営会議ができるDigital Boardroom*、会社内に散在するレポートのアクセスを統合・管理するAnalytics Hub*の3つの機能を持っています。

Analytics機能では、グラフの表示に地図情報をマッピングして、より見やすいものなっています。予算の計画立案に際しても、予算データの入力機能や集計・配賦、またバージョン管理も可能です。予測・機械学習に際しても、時系列の予測や、スマートインサイト、スマートディスカバー機能を持っています(表1)。

* **CRM**……Customer Relationship Managementの略。顧客との関係性を一元管理し、顧客との良好な関係を構築・促進すること。
* **IBP**……Integrated Business Planningの略。
* **DMC**……Digital Manufacturing Cloudの略。
* **Digital Boardroom**……スクリーンにタッチしながら経営会議ができる機能のこと。
* **Analytics Hub**……会社内に散在するレポートのアクセス統合・管理ができる機能のこと。

表1 Analytics機能

	説明
分析・可視化	・グラフの表示など ・地図機能
予算・計画	・データ入力、集計、配賦 ・バージョン管理
予測・機械学習	・時系列予測 ・スマートインサイト ・スマートディスカバー

このほか、SAP Analytics Cloudでは、C/4HANA、Salesforce、Fieldglass、SuccessFactors、Concurなどからデータをリアルタイムまたはバッチ処理で連携できます。

また、同様に、S/4HANA CloudやBW/4HANA*からもデータをリアルタイムまたはバッチ処理で連携することもできます(図2)。

図2 リアルタイムまたはバッチ処理で連携

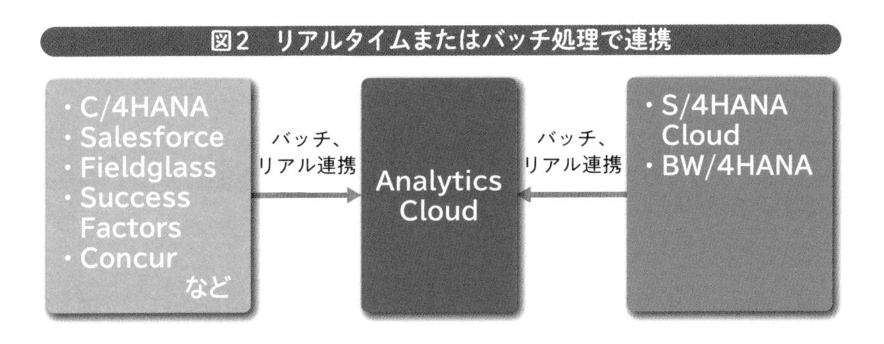

* **BW/4HANA**……SAP HANAを基盤とするパッケージ化されたデータウェアハウス。

ERPパッケージの構成

ワンポイント

- 標準プログラム以外の機能も付属されている

標準プログラム以外の機能も付属されている

SAPのERPパッケージには、基幹業務処理を目的とした、下記の業種・モジュール別の標準プログラムなどが事前に用意されています。

①業種モジュール別標準プログラム*
②パラメータ設定機能(『SPRO』)
③メニュー・権限設定機能(『PFCG』)
④Add-on開発言語(ABAP:『SE38』など)
⑤ユーザーインターフェース(SAP GUI、Launchpad)
⑥ベストプラクティス・シナリオ、マニュアルなど

例えば、調達(購買)、生産・製造、販売、人事、財務会計、管理会計の業務処理プログラムが用意されています。この中から、自社の業務処理に合ったプログラムを選んで使用することができます。

使用するにあたっては、事前に、コードの定義やパラメータの設定*、メニューの作成、権限設定などが必要です。これらのプログラムもERPパッケージの中に付属されています。

このほか、Add-onする場合の開発言語としてのABAP(アバップ)*やユーザーインターフェースのSAP GUI、Fioriなどがあります。ただし、Add-onについては、スケジュールへの影響、追加コストの発生、将来の維持管理コストが必要、バージョンアップ時にネックになるなどの観点から、極力、避けるべきです。

* **業種モジュール別標準プログラム**……調達(購買)、生産/製造、販売、在庫、人事、会計(財務会計、管理会計)など。
* **パラメータの設定**……カスタマイズという場合もある。
* **ABAP**……Advanced Business Application Programming の略。SAP 独自の開発言語。

パッケージに合わせてやり方を変えるかまたは、SAPの外のシステムなどでの対応をお勧めします。

さらに、**ベストプラクティス***と呼ばれる代表的な業務フローに沿ったシナリオや簡単なオペレーション・マニュアル、ヘルプ機能なども用意されています。

また、**トランザクションコード**の『SPRO』『PFCG』『SE38』は、それぞれパラメータ設定、メニュー・権限設定、ABAP開発時に使用します（図1、図2、図3）。トランザクションコードは、SAPのプログラムを実行する際に対象のプログラムを呼び出す際に使用するコードのことです。

図1 パラメータ設定などの画面例(SPRO)

SAP　IMG 照会

既存の BC セット　変更ログ　他の使用先一覧　追加

構造
- SAP カスタマイジングの導入ガイド (IMG)
  - SAP Commercial Project Management
  - 有効化: ビジネス機能
  - SAP S/4HANA への会計管理の変換
  - SAP NetWeaver
  - 企業構造
    - ローカライズ: サンプル組織ユニット
    - 定義
      - 財務会計
        - 会社の定義
        - 定義: 与信管理領域
        - 編集/コピー/削除/チェック: 会社コード
        - 定義: 事業領域
        - 定義: 機能領域
        - 連結事業領域の更新
        - 更新: 財務管理領域
        - 定義: セグメント
        - 定義: 利益センタ
      - 管理会計
      - ロジスティクス－一般
      - 販売管理
      - 在庫/購買管理
      - 物流管理
      - プラント保全

* **ベストプラクティス**……ここではSAPが考える一番良いやり方のこと。

図2 メニュー・権限設定などの画面例(PFCG)

図3 ABAP開発などの画面例(SE38)

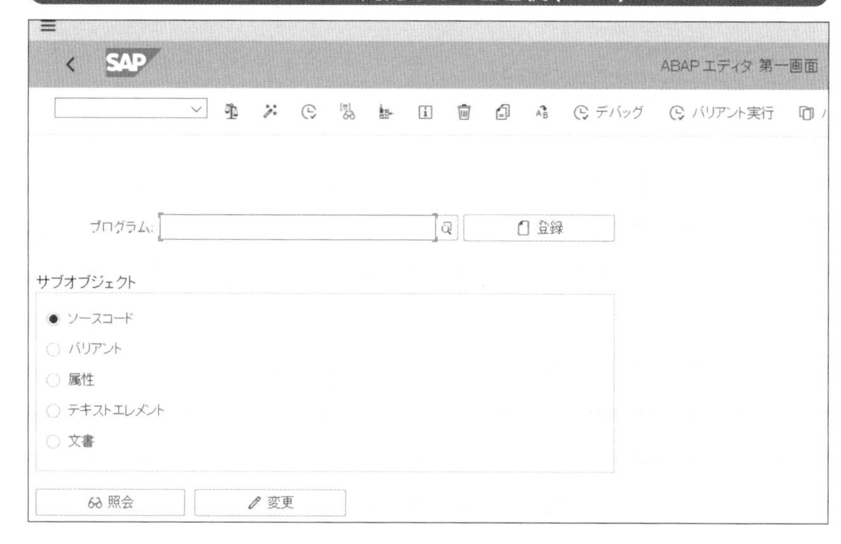

ERPパッケージの導入手順

ワンポイント

- 標準のまま使う場合の導入手順(Add-onなしの場合)。
- Add-onする場合の導入手順

標準のまま使う場合の導入手順（Add-onなしの場合）

標準のERPパッケージをそのまま使用する場合のERPパッケージの導入手順を説明します(図1)。

図1　ERPパッケージ導入手順(Add-onなしの場合)

【Add-onなしの場合】

・To-Beの業務要件FIX
・To-Beの業務フロー作成
・システムフロー作成
・利用機能FIX
・ノーマルケース
・例外ケース
・マスタ
・残高

①ゴールの設定
②ERPパッケージの選定
③パッケージ機能との要件/Fit&Gap
④Gapの解決
⑤確認テスト
⑥移行
利用開始

・やり方を変える
・対象外とする

①ゴールの設定

まず、**ゴール**を設定します。何がどのように実現できれば良いかを明確にします。このゴールが明確であればあるほど、この後の導入作業に参加するプロジェクトメンバー同士のコミュニケーションがスムーズに進みます。**To-Be**(トゥービー)*の業務要件をフィックス*し､それに基づくTo-Beの業務フローを作成します。

②ERPパッケージの選定

次に、このゴールの実現にふさわしいパッケージを選定します。SIer(エスアイヤー)*などに提案書を求め、ERPパッケージを決定します。

③パッケージ機能との要件/Fit&Gap

導入を決めたERPパッケージを元に、業務フローに沿った標準のシステムフローをSIerから提出してもらい、それに沿って、複数回、実機を見ながら使用するモジュールや標準のプログラム、To-Beの業務フロー、システムフローをフィックスしていきます。

④Gapの解決

出てきた**Gap**(ギャップ)*などの課題を洗い出し、どのようにすれば標準機能で実現できるのかを検討していきます。解決方法として、やり方を変えるか、対象外とするかを判断していきます。対象外としたものは、その理由と対応方法を明確にしていきます。

最終的にフィックスしたTo-Beの業務フロー、システムフロー、使用するモジュール、使用する標準プログラムをフィックスします。これに基づいてユーザー、ユーザーグループ別にメニューの作成や権限設定を行います。

⑤確認テスト

この後、ユーザー側でユーザーの受入れのための確認テストを行います。To-Beの業務フロー、システムフローに基づいて、テストシナリオを作成して、ノーマルケースや、例外ケースなどの確認テストを行います。

＊**To-Be**……将来のなりたい姿のこと。
＊**フィックス**……最終決定すること。
＊**SIer**……System Integratorの略。システム開発を請け負うIT企業のこと。
＊**Gap**……例えば、標準のパッケージの機能でやりたいことが実現できないこと。

⑥移行

これがOKになったら、本番環境に、マスタや残高などを入れていきます。そして、利用を開始します。

Add-onする場合の導入手順

標準のERPパッケージをAdd-onして使用する場合ですが、Gapの部分をAdd-onするという点が標準のERPパッケージをそのまま使用する場合との違いになります。

Add-onする場合は、一般的な個別開発方法と手順は同じです(図2)。

図2 ERPパッケージ導入手順(Add-onありの場合)

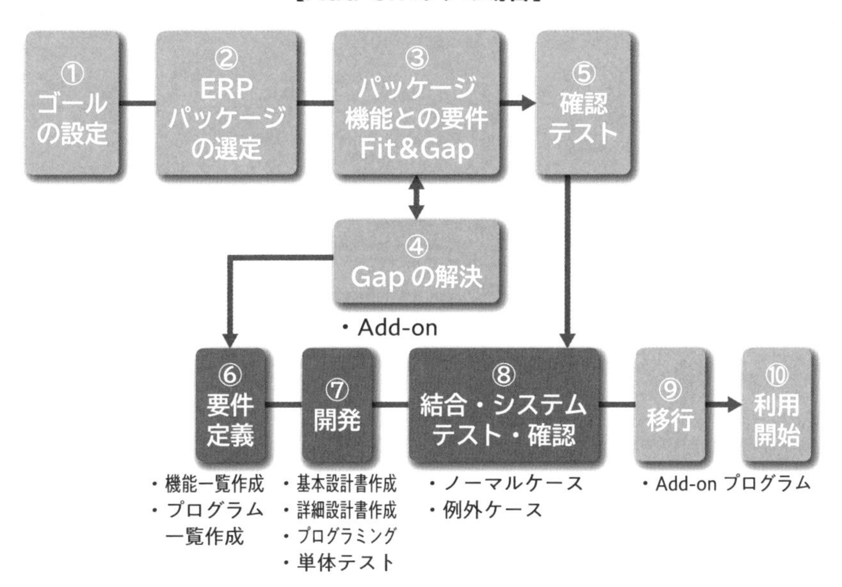

⑥要件定義

要件を明確にして、それを実現するために必要なプログラムを明確にします。機能一覧表やプログラム一覧表などを作成します。

⑦開発

開発の手順ですが、基本設計書の作成、詳細設計書の作成、プログラミング、単体テストの流れで進めていきます。

⑧結合・システムテスト・確認

次に、関係するプログラム同士の結合テスト、開発したAdd-onプログラムがすべてできあがったら、標準のプログラムにAdd-onプログラムを加えてシステムテストなどを行います。

ユーザーの受入れ確認テストがOKになったら本番環境に、マスタや残高、Add-onプログラムなどを移行していきます。そして、利用を開始します。

11 Unicode

ワンポイント

- Unicodeにたどり着くまでに試行錯誤があった
- Unicodeは3種類ある

Unicodeにたどり着くまでに試行錯誤があった

S/4HANAでは、Unicode(ユニコード)しか使えなくなりました。ですから、例えば、ECCでUnicodeを使っていなかった場合は、Unicodeへのデータのコード変換が必要になります。

ここで少し、**文字コード**の変遷の歴史を見てみましょう。文字コードは、約60年の歴史とともに進化してきました。最初は、1960年代に、英語圏で英語だけを対象としたASCII(アスキー)*(1バイト)が開発されました。ASCIIは、数字、アルファベット(大文字、小文字など)を7ビットで128文字表すことができます。

アジア圏(日本など)では、Sift-JIS(シフトジス)(1バイト、漢字2バイト)を中心に、数字、アルファベットのほかに、カナ文字、ひらがな、漢字などを追加していきました。

また、欧州圏では、8ビット(1バイト)を使って256文字を表すことができるLatein-1を中心に、数字、アルファベット(大文字、小文字など)+アラビア文字、ギリシャ文字、ロシア文字などを追加して使われてきました。

汎用コンピュータ(IBMなど)時代には、EBCDIC(エビシディック)(1バイト)や、UNIXコンピュータ時代のEUC(Extended Unix Code/2バイト)などが使われてきました。

そしてLinuxなどのコンピュータ上で運用するS/4HANAでは、Unicodeが使われています。Unicodeは、Unicodeコンソーシアムで管理

* **ASCII**……American Standard Code for Information Interchangeの略

されており、世界中で使われているすべての文字コードの規格化を行っています(図1)。

図1 Unicodeにたどり着くまでに試行錯誤があった

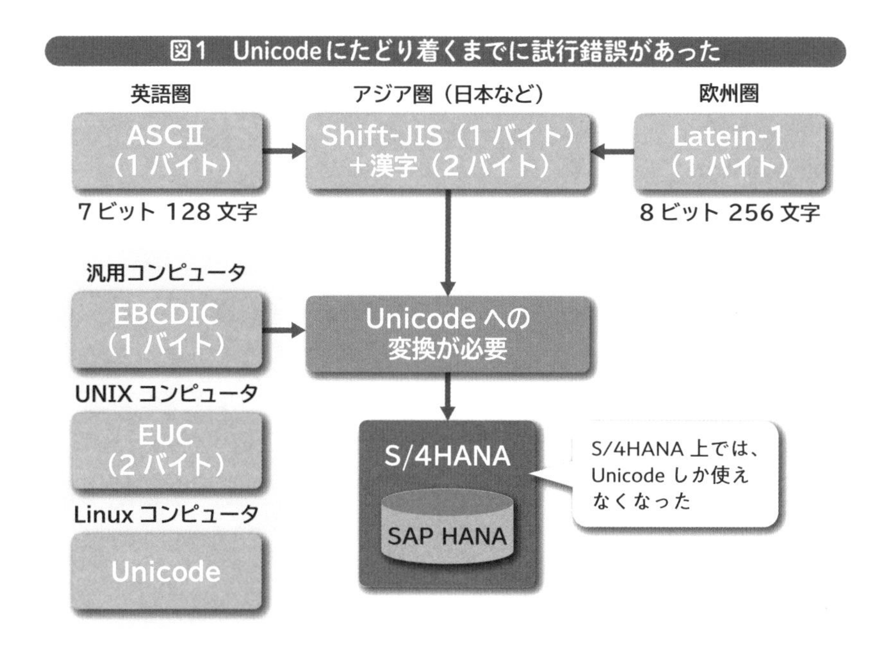

Unicodeは3種類ある

Unicodeは、UTF-8、UTF-16、UTF-32の3つの文字符号化方式*があります。Unicodeには、背番号として**コードポイント**が付番されています。例えば、数字の「1」、アルファベットの「A」、ひらがなの「あ」のコードポイントと文字符号化方式別の格納内容を見てみましょう。

数字の「1」のコードポイントは「U+0031」、UTF-8では「31」、UTF-16では「00 31」、UTF-32では「00 00 00 31」と表します。

また、アルファベットの「A」のコードポイントは「U+0041」、UTF-8では「41」、UTF-16では「00 41」、UTF-32では「00 00 00 41」と表します。

ひらがなの「あ」のコードポイントは「U+3042」、UTF-8では「E3 81 82」、UTF-16では「30 42」、UTF-32では「00 00 30 42」と表します。

* **文字符号化方式**……文字に割り当てたコードポイント(背番号)を、コンピュータが利用できるデータ列に変換する文字の管理方式。

実際に使用するバイト数は、UTF-8は1バイトまたは3バイト、UTF-16は2バイト、UTF-32は4バイトになります(表1)。

表1 Unicodeの文字の例とコードポイント・文字符号化方式の例

文字の例	Unicodeの背番号（コードポイント）	文字符号化方式		
		UTF-8	UTF-16	UTF-32
数字の「1」	U+0031	31	00 31	00 00 00 31
アルファベットの「A」	U+0041	41	00 41	00 00 00 41
ひらがなの「あ」	U+3042	E3 81 82	30 42	00 00 30 42
使用するバイト数	―	1バイト or 3バイト	2バイト	4バイト

コラム ERPシステムでは自動仕訳は必須

ERPシステムでは、取引の発生場所で会計仕訳を自動仕訳する仕組みになっています。商品を仕入れた時、仕入先から請求書を受け取った時、代金を支払った時、得意先に商品を出荷した時、得意先に請求書を発行した時、代金を回収した時などの場面で自動仕訳を行っています。この自動仕訳の仕組みなどを使って、リアルタイムに経営情報を提供しています。

12 移行方法

ワンポイント

- ECCからS/4HANAへの移行方法
- S/4HANAにおけるマスタ、残高などの移行方法

ECCからS/4HANAへの移行方法

ECCからS/4HANAへの移行方法として、3つの方法があります。GreenFieldと呼ばれるS/4HANAを新規導入する方法、BrownFieldと呼ばれる旧環境からストレートコンバージョン*を行う方法、そしてBlueFieldと呼ばれる機能改修とコンバージョンを一緒に行う方法があります(図1)。

図1 S/4HANAへの3つの移行方法

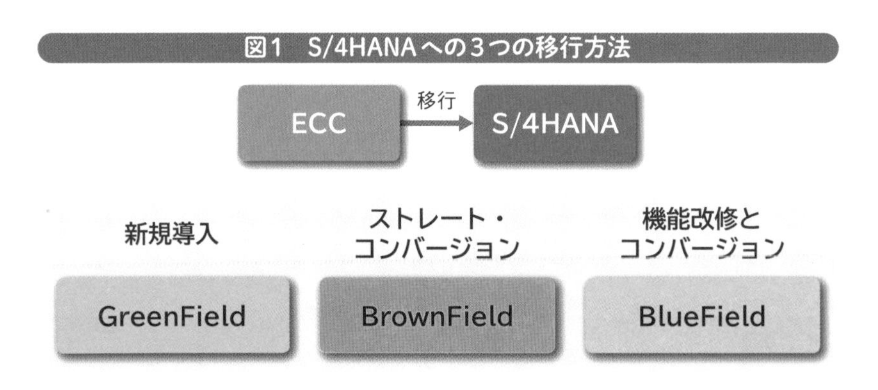

それぞれの特徴とメリット、デメリットを紹介します(表1)。

GreenField

まず、GreenFieldですが、これは、新規にS/4HANAを導入する方法で、

* ストレートコンバージョン……マスタ、残高、パラメータ、Add-on プログラム、トランザクションデータの全部を移行すること。

時代のニーズに合った自社の基幹システムを構築することができます。特に新機能を有効活用することで付加価値を享受することがきます。過去のシステムのしがらみから解放され、レガシーシステムを使い続けてきた諸問題、例えば、企業の成長に合っていないシステムの存在やブラックボックス化したシステムといった問題を解決することができます。

ただし、新たにシステムを構築することになるため、構築コストや期間がかかる、過去データを参照するための仕組みが必要などのデメリットがあります。

BrownField

次に、BrownFieldですが、これは、旧システムをそのままS/4HANAに移行する方法です。ストレートコンバージョンとも言われています。例えば、ECC上のパラメータやAdd-onプログラム、マスタ、残高、過去データなどをそのままS/4HANAに移行します。短期間で移行することができるため、S/4HANAを早く利用することができます。ただし、Add-onプログラムが多く存在する場合は、コンバージョン*するに当たって、Add-onプログラムの扱いをどうするか、明確な方針を打ち出すことが重要になります。また、S/4HANAとの違いなどを事前にアセスメントするなど、事前準備が大事になります。

それと、過去の情報資産、特にAdd-onプログラムなどを引き続き使うことになるため、従来から言われてきた問題、例えば、仕様書とプログラムの内容が一致していないため、保守が大変、メンテナンスコストがかかる、詳しい社員が定年などで退職したため、対応が困難といった問題は引き続き残りますので、このコンバージョンの際に解決していかなければなりません。

BlueField

最後のBlueFieldですが、旧システムからS/4HANAに移行する際に、コンバージョンと機能改修も同時に行う移行方法です。GreenFieldとBrownFieldの良いところを組み合わせた方法と言えます。過去の情報資産を生かしつつ移行期間を短く、かつ、機能改修も行うことで、できあがったS/4HANAを有効に活用していこうとする考え方です。

＊ **コンバージョン**……Add-on プログラムを新バージョンで動くようにすること。

これを採用した場合、コンバージョンした部分と機能改修した部分が、S/4HANA上で正しく動くかどうかの確認作業、つまり、どのような結果になったら正しいのかを証明する作業が大変になります。

表1 S/4HANAへの3つの移行方法の比較表

名称	方法	特徴	メリット	デメリット
GreenField	新規導入（マスター、残高のみ移行）	新規に導入することで時代のニーズにふさわしいERPシステムを構築できる	・過去のシステムとのしがらみから解放される ・新機能の活用	・構築のためののコストと期間がかかる ・過去データは旧システムなどに残すのでその維持管理コストが余分にかかる
Brownfield	ストレートコンバージョン	早く確実に移行できる	・過去の情報資産を活用できる ・短期間で移行可能	・過去の負の資産を引き続き抱えることになる ・付加価値が少ない
BlueField	機能改修とコンバージョンを同時に行う	GreenFieldとBlueFieldの良いところを生かす	過去の情報資産を生かしつつ、機能改修メリットを享受できる	・移行結果の検証が難しい

マスタの移行

勘定科目マスタ、**BPマスタ***、品目マスタ、銀行マスタなどの**マスタ***の移行が必要になります。マスタの件数が大量にある場合は、移行期間内にすべてのマスタを新しい環境に移行できない可能性がありますので、本番運用開始前から用意できたものを順次移行し、残りの差分を移行期間内に移行することをお勧めいたします。

勘定科目マスタは、まず、勘定コード表を移行し、これに紐付けて、会社別の勘定科目マスタを移行します。BPマスタは、会社名や住所などの一般と得意先、仕入先に分けて移行します。品目マスタは、プラント、保管場所など組織別に移行します。銀行マスタは、日本の全銀協マスタなどを移行します（表2）。

＊**BPマスタ**……得意先マスタおよび仕入先マスタ。
＊**マスタ**……あらかじめ登録しておいた、システム上で必要な基本情報のこと。

表2 主な移行対象マスタの例

マスタ	移行内容
勘定科目マスタ	・勘定コード表
	・会社用勘定科目マスタ
BPマスタ（得意先、仕入先マスタ）	・BP一般（会社名、住所など）
	・得意先マスタ（統制勘定、支払条件など）
	・仕入先マスタ（統制勘定、支払条件、支払方法、振込先銀行情報など）
品目マスタ	・原材料、部品、半製品、製品、商品、サービスなど
	・組織レベル別に登録
	・原価管理区分（標準原価、移動平均／月総平均）
銀行マスタ	・仕入先（得意先）に対する振込銀行支店情報、取引銀行管理

残高の移行

G/L残高*、得意先残高*、仕入先残高*、品目（在庫）残高*などの**残高**の移行が必要になります。G/L残高ですが、期首日から本番運用を開始する場合は、会計でいうB/S残高、つまり貸借対照表残高を勘定科目*別に移行します。期中に本番開始をする場合はT/B残高、つまり試算表残高を移行します。

得意先残高は、移行日現在の得意先別の未決済明細を、仕入先残高は仕入先別の未決済明細を移行します。品目残高の移行は、移行日時点の在庫数量残高と在庫金額になります。

このほか、プロジェクトに関する仕掛品（しかかりひん）残高*をWBS*別に移行する必要がある場合があります。

* **G/L残高**……勘定科目別の移行時時点での金額残高のこと。
* **得意先残高**……得意先別の移行時時点での金額残高のこと。
* **仕入先残高**……仕入先別の移行時時点での金額残高のこと。
* **品目（在庫）残高**……在庫品の品目別の移行時時点での数量と金額の残高のこと。
* **勘定科目**……総勘定元帳の記録先のこと。会計伝票を起票する時の借方、貸方の勘定科目のこと。
* **仕掛品残高**……移行時時点で製造途中の製造指図やWBS上の金額残高のこと。
* **WBS**…………Work Breadown Structureの略。プロジェクトの中の各タスクのこと。

また、固定資産の残高は、取得価額*と減価償却累計額*などを移行し、移行時点の固定資産の簿価をセットする形になります。それと、トランザクションデータ*の移行についてですが、新システム側で改めて、販売伝票、発注伝票などの登録作業から行うことをお勧めいたします(表3)。

表3 主な移行対象残高

残高	移行内容
G/L残高	・会社B/S残高、もしくは会社別B/S + P/L残高(原価センタ、利益センタ、内部指図、WBSも必要)
	・会社別勘定科目別通貨別残高
得意先残高	・会社別統制勘定別得意先別通貨別入金予定日別未決済明細
仕入先残高	・会社別統制勘定別仕入先別通貨別支払予定日別未決済明細
品目残高	・会社別品目別プラント別保管場所別実在庫数量+在庫金額

移行ツール

SAPでは、**CATT***や**LSMW***を使用して移行します。もちろん、Add-onプログラムを使って移行する場合もあります。

CATTは、SAP独自のコンピュータ支援テストツールで、Excelなどで作成したファイルからデータを取込み、移行データを自動登録することができます。

もう1つ、**移行コックピット***という移行用ツールもあります。従来から使われてきた、LSMWを使用することもできますが、S/4HANAへのデータ移行で使用することは推奨されていません。このため、S/4HANAのデータ移行では、SAP標準の移行ツールである移行コックピットを使用します。トランザクションコードは『LTMC』です。

* **取得価額**……固定資産などの購入金額のこと。
* **減価償却累計額**……その時点までの減価償却額の累計金額のこと。
* **トランザクションデータ**……取引データのこと。
* **CATT**……Computer Aided Test Toolの略。
* **LSMW**……Legacy System Migration Workbenchの略。ECC用データ移行ツール。
* **移行コックピット**……LTMC(Legacy Transfer Migration Cockpit)とも呼ばれる。

第3章

ERPプロジェクトの進め方を学ぼう

第3章では、ERPプロジェクトの進め方について学びます。例えば、「全体の工程」「スケジュール管理」「工程とスケジュールの例」、そして要件定義の進め方として、Fit To Standardの考え方を学びます。

1 プロジェクトの進め方①
全体の工程

ワンポイント

- プロジェクト化の目的の明確化
- 目的とゴールの共有
- 全体の工程を理解する

プロジェクト化の目的の明確化

プロジェクトの進め方を考える前に、「なぜそのプロジェクトが必要なのか」「いつまでに、何を解決しなければいけないのか」「それを解決するために、どれくらいの投資が必要なのか」を会社の**経営責任者**が自ら明確にするとともに、それを解決するという強い意思を持っていることがとても重要なことです。

プロジェクトには期限があり、その成功か否かの判断は、プロジェクトの目的が達成したかどうかということになります。一般的に会社の経営課題と密接に関係しています。

目的とゴールの共有

プロジェクトは、経営課題を解決するために発足し、期限付きメンバーたちによって実行されます。そこに参加するメンバーは、そのプロジェクトの**目的とゴール**の姿を共有し、絶えずそれを忘れず、日々の作業を行っていくことが大切です。

ややもすると、このことを忘れがちになり、目的とズレた議論に終始したり、問題の解決の方向が間違った方向に進んでいく場合や、プロジェクトの大幅なスケジュールの見直しという事態に追い込まれる場合があります。事前にどのようなことを行う必要があるのか、そしてその作業の中身や行うタイミング、それを行うために必要な要員とその人数なども、プロジェクトの全体の工程の中で明確にしておく必要があります。

プロジェクトには不確かな要素が多くありますので、経営責任者も自ら参加し、プロジェクト方針を定め、必要な判断と必要な経営資源の投入および軌道修正を行っていかなければなりません。

全体の工程を理解する

プロジェクトの**全体の工程**と**その流れ**を明確にすることで、プロジェクトにかかわる人たち同士の作業がやりやすくなります。また、プロジェクトは大きな投資を伴いますので、そのためにも全体の工程を明確にして、それぞれの場面で必要になる要員や投資額を見えるようにしていきます。

例えば、全体の工程として図1のような企画構想フェーズ*→プロジェクト化準備と要件定義フェーズ→実現化フェーズ→移行フェーズ→本番運用フェーズといった流れが考えられます。

図1 プロジェクト全体の工程例

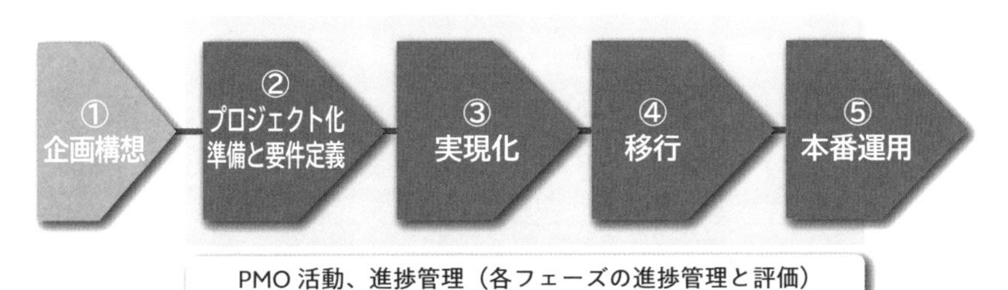

この中のおおまかな作業の例を見てみましょう。

①企画構想フェーズ

数人の特任メンバーによって進めていきます。まずは、経営課題の明確化、

＊ **フェーズ**……Phase。工程のこと。

目的の明確化、ゴールの設定を行っていきます。

また、この段階でERPパッケージなどの導入を考えている場合は、候補パッケージの事前調査を行い、機能の有無や投資額の見積りをします。それを考慮して設定要件をまとめ、**RFP***を作成し、ベンダー*やSIerなどに提案を依頼します。ベンダーなどからの提案書を元にERPパッケージなどを選定します。

また、業務フローの整備や、選定したERPパッケージの導入をベースにした、導入プロジェクトのWBSを作成します。この段階で**BPR***が必要になる場合があります。

②プロジェクト化準備と要件定義フェーズ

予算化、プロジェクトの全体スケジューリング、必要要員の調達、プロジェクトの目的、方針、プロジェクトの運用ルールなどを定めてプロジェクトの発足の準備を進めていきます。

プロジェクトのスタートは、キックオフミーティング*です。プロジェクトの体制、方針、会議体などの運用ルールなどをプロジェクトメンバーと共有します。そして当プロジェクトのゴールに向けた要件を固めていきます。同時に導入するERPパッケージなどをインストールする環境を構築していきます。

③実現化フェーズ

導入ERPパッケージの標準プロセスの検証や、場合によっては開発を行っていきます。PMO活動*を中心に進捗管理と課題解決を行っていきます。

特に解決方法として開発を選択する場合は、設定したゴールやプロジェクト方針などと照らし合わせて慎重に判断する必要があります。開発したプログラムを含めた最終的なテストを行います。利用するユーザーに対するトレーニングも行います。

---

* **RFP**……Request For Proposalの略。提案依頼書のこと。
* **ベンダー**……製品やサービスを提供する会社のこと。
* **BPR**……Business Process Re-engineeringの略。業務のやり方を見直す取り組みのこと。
* **キックオフミーティング**……プロジェクトの最初のミーティングのこと。
* **PMO活動**……Project Management Office活動の略。プロジェクト管理活動のこと。

④移行フェーズ

本番環境に必要なマスタや残高を移行します。既存のシステムが存在する場合は、これを切り替える準備を行ってきます。

⑤本番稼働フェーズ

新システムの運用ルールに基づいて業務処理を行っていきます。また、プロジェクトチームを解散して運用保守部門に引き継いでいきます。

図2　プロジェクト化前後の主な工程例

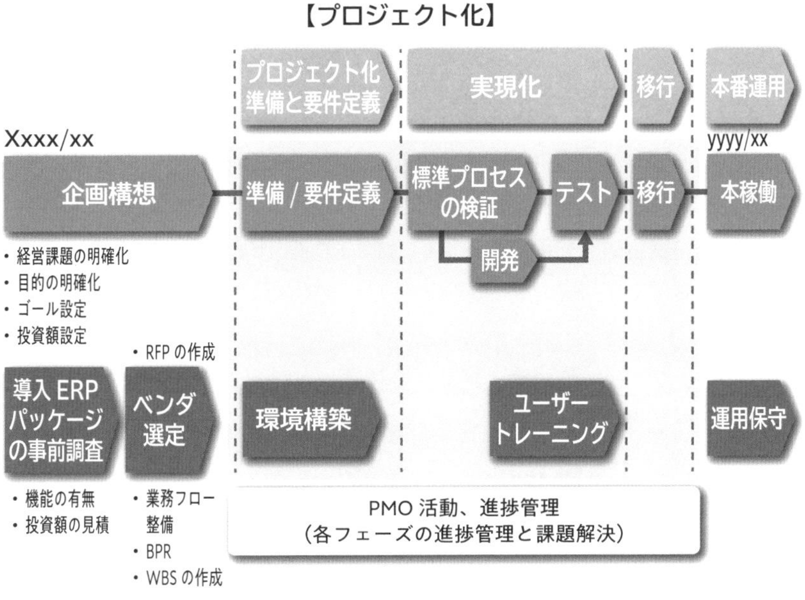

【プロジェクト化】

プロジェクト化準備と要件定義
実現化
移行
本番運用

Xxxx/xx
yyyy/xx

企画構想
準備 / 要件定義
標準プロセスの検証
テスト
移行
本稼働
開発

・経営課題の明確化
・目的の明確化
・ゴール設定
・投資額設定

・RFP の作成

導入 ERP パッケージの事前調査
ベンダ選定
環境構築
ユーザートレーニング
運用保守

・機能の有無
・投資額の見積

・業務フロー整備
・BPR
・WBS の作成

PMO 活動、進捗管理
（各フェーズの進捗管理と課題解決）

2 プロジェクトの進め方② スケジュール管理

ワンポイント

- マイルストーンチェック
- プロジェクト体制、会議体と進捗会議
- Bプランの用意

マイルストーンチェック

プロジェクトの進捗管理で重要な管理の節目として、マイルストーンチェックがあります。これは、プロジェクトの各工程の中で、これが完了していない場合は、先に進んではいけないポイントという工程のことです。

例えば、マイルストーンの例として、次のようなものがあります。

①キックオフ・ミーティング
②要件定義完了
③ITインフラ構築完了
④プロトタイプ完了
⑤最終業務フロー確定
⑥アドオン機能・開発工数の確定
⑦メニュー＆権限設定完了
⑧カスタマイズ調整＆確認完了
⑨ユーザー受入れテスト完了
⑩ユーザートレーニング完了
⑪本番環境へのパラメータ移送
⑫マスタ移行完了
⑬本番環境への残高移行完了

⑭カットオーバー
⑮引継ぎ完了

これらのマイルストーンが完了しないまま先に進んでしまうと、後の工程にいけば行くほど、後戻り作業が多く発生し、スケジュールの見直しや、追加予算の発生に繋がります。

プロジェクト体制、会議体と進捗会議

自社のプロジェクトの体制を明確にします。それぞれの責任範囲とメンバーを配置します。最終的な意思決定は、**SC***が行います。

SCのメンバーには、会社の意思決定者として役員などに入ってもらいます。それからプロジェクトの責任者、管理者の**PM***、プロジェクト推進役の**PL***を配置します。PLは、PMが兼務する場合があります(図1)。

図1　プロジェクト体制の例

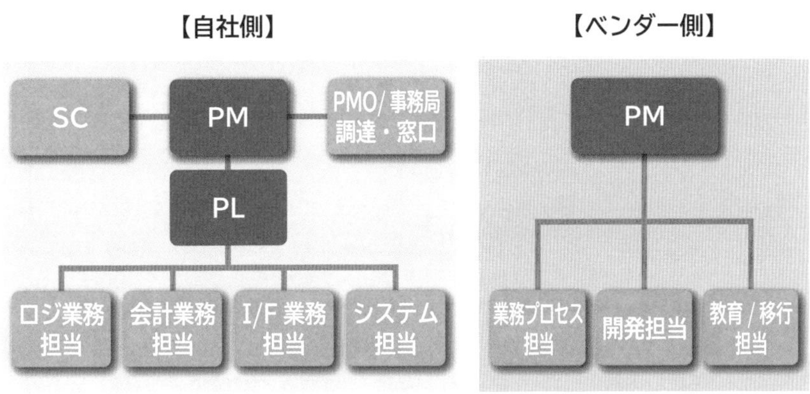

【自社側】
SC
PM
PMO/事務局
調達・窓口
PL
ロジ業務担当
会計業務担当
I/F業務担当
システム担当

【ベンダー側】
PM
業務プロセス担当
開発担当
教育/移行担当

＊**SC**……Steering Committee の略。運営委員会。
＊**PM**……Project Manager の略。プロジェクト責任者、管理者。
＊**PL**……Project Leader の略。プロジェクト推進者。

また、プロジェクト活動の支援やプロジェクトの窓口を担当するPMO*/事務局を用意します。各チーム内に業務担当を配置します。その中のTL*を決めます。またベンダー側もPM、その配下に業務プロセス担当、I/F業務担当、開発担当、教育・移行担当チームなどを用意します。

この体制のもと、会議体を定めてプロジェクトを推進していきます。**会議体**は、通常、3つぐらい用意し、それぞれの主催者、参加者、開催日時、報告内容などを定めて運用していきます(表1)。

表1 会議体の例

ミーティング名	目的	開催日	開催時間	場所	出席者	主催者
SC	・プロジェクトの進捗状況報告・確認 ・意思決定確認 ・新しい活動とフォローアップ項目の割当 ・問題や課題発見、対応指示	毎月第2/第4 xx曜日	11-12	A会議室	SCメンバー、PM	PM
定例会	・進捗確認 ・課題共有・解決 ・対策・実施	①毎週xx曜日 ②毎週xx曜日	①10-12 ②15-17	Teams会議	PM、PL、TL、業務担当、PMO/事務局	PM、PL
ワークショップ	・要件定義/プロトタイプ実施 ・目標業務プロセスの確定(提案と承認) ・実現機能仕様の明確化	随時	毎回調整	Teams会議	TL、業務担当各メンバー	TL

SC会議は月に2回程度、主に推進状況の把握と問題解決方針を決めて指示します。定例会は週1～2回程度開催します。スケジュールと照らし合わせながら進捗状況をチェックします。問題や課題を見つけてこまめに報告させるとともに、その解決策を指示していきます。

また、会議内容の議事録を作成して関係者間で共有します。PMで判断できない課題対応については、SCに意思決定を依頼します。ワークショップは、随時開催します。テーマを定めて日程を調整しながら行っていきます。こちらも関係者間で齟齬(そご)がないように、議事録を残して管理していきます。

* **PMO**……Project Management Officeの略。プロジェクト活動の支援者。
* **TL**……Team Leaderの略。チームリーダー。

Bプランの用意

プロジェクトは、自社の要因だけでなく、外部の要因によっても影響を受けることがあります。当初の計画通り進めていきますが、万が一の災害や経済環境の変化により、予定通り進めなくなった場合のリカバリー案として、**Bプラン**も用意しておきます。

コラム　プロセスを管理する

個別の仕事が現場の担当者任せになっていると、その担当者がほかの部署に移動したり、退職したりすると、引継ぎが大変になる場合があります。これらをスムーズに行っていくために、組織としてプロセスを管理する必要があります。また、コンピュータを使って処理する場合は、パッケージなどの標準機能を使うことで、引継ぎのしやすさを優先する会社も多くなってきました。

3 プロジェクトの進め方③ 工程とスケジュールの例

ワンポイント

- 標準的なERPパッケージの導入工程の例
- スケジュールの例

標準的なERPパッケージの導入工程の例

まずプロジェクトの**ゴール(To-Be)**を設定します。このゴールが明確であればあるほど関係者間で共有しやすくなります。

また、プロジェクトの開始にあたって、**プロジェクト方針**を明確にし、関係者に周知徹底を図ることが重要です。そのための関係者間のコミュニケーションが大切になります。例えば、自社のありたい姿をTo-Beとして描くか、それとも業務処理は標準のパッケージに合わせて実現するかによって、プロジェクトの進め方が大きく変わってきます。

ここでは、ERPパッケージを利用する場合のプロジェクトの進め方を示していきます。

①To-Be業務フロー作成

選択したERPパッケージが持っている**ベストプラクティス・シナリオ**を選定し、それを元にTo-Beの業務フローを作り上げていきます。

また、この時点で、導入する対象組織、導入するモジュールを明確にしておきます。同時に、**キーユーザー**に対して、導入対象のERPパッケージのトレーニングを行います。キーユーザーは、少なくとも導入対象のERPパッケージの使い方を理解しておかなければ、この後のプロセスごとの実現可能性の判断ができず、ベンダーやSIerまかせでプロジェクトを進めていくことになってしまいます。

②標準プログラムの洗い出し

次に、用意されているモジュールの中から、各プロセスで使用する**標準プログラム***を洗い出します。

実際の実現イメージを検証するために、POC*を実施することも有効です。その上で、業務フローから実際に実現するシステム上のシステムフローに落とし込んでいきます。

③組織構造･コード定義、開発・検証環境構築

システムフローや導入対象組織、導入対象モジュールを元に、組織構造およびコード定義、必要なパラメータの設定、テスト用マスタ登録などを行います。

④IT基盤構築

並行して、IT基盤*は、自社にオンプレミスで用意するかクラウド業者を使ってクラウド上に用意します。SAPのERPパッケージの導入のための環境は、開発・検証・本番環境の３つを構築します。

④プロトタイプ実施

プロトタイプを使って、実現機能がフィットしているかどうか確認していきます。プロトタイプは、業務フローやシステムフローに沿って、洗い出した標準プログラムを中心に、通常フロー、例外フローなどに分けて数回、実施します。

⑤Gap・課題対応、システムテスト

プロトタイプで発生した課題やGap機能について対応方法を検討し、課題やGapを解決していきます。Gapは、プロセスの変更やSAPの外で対応します。例えば、SAPの外での対応が完了したら、それらの機能を組み込んだ形でシステムテストを行います。

なお、システムテストは、検証機の環境を使って行います。そのため、開発機からパラメータなどの移送を行います。

＊ **標準プログラム**……ERPパッケージにあらかじめ用意されているプログラムのこと。
＊ **POC**……Proof Of Conceptの略。実証実験や概念検証と言われているもので、簡単な実験モデルを作り実現可能性を確かめる手法。
＊ **IT基盤**……ハードウェア、ソフトウェア、データベース、ネットワークなど。

⑥メニュー作成、権限設定

システムテストが完了したら、ユーザーグループごとのメニューの作成および権限設定を行います。

⑦システム統合テスト

設定したメニューと権限を使って、システム統合テストを行います。

⑧ユーザー受入れテスト

システム統合テストが完了したら、ユーザートレーニングを実施し、ユーザーが受入テストを行います。ユーザートレーニングを開始する前に操作マニュアルを作成し、準備しておきます。ユーザーの受入れテストは、ユーザー自身が行い、今回の実現システムの検収を行うということになります。

⑨移送/移行、本番環境構築、本番運用開始

最後に、最終のパラメータを本番環境に移送するとともに、マスタや残高を本番環境にセットアップし、本番運用開始へと進んでいきます(図1)。

図1　標準的なERPパッケージの導入工程の例

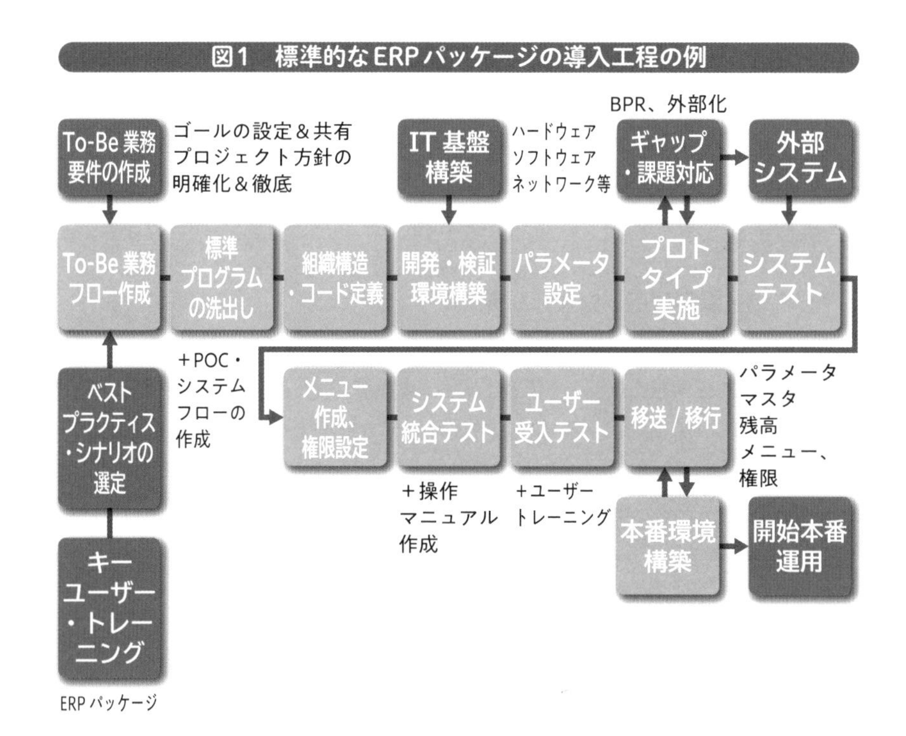

スケジュールの例

表1は、卸売業を想定したモデルスケジュールです。基本的にAdd-onは、SAPの外*で行います。

全体で15ヶ月のプロジェクトで、本番運用開始後のサポート3ヶ月後にプロジェクトを終了するスケジュールになっています。生産などの業務の導入が含まれる場合はさらに工期はかかります。

表1 工程別スケジュールの例

	プロジェクト準備/要件定義フェーズ						実現化フェーズ						移行フェーズ			本番運用フェーズ		
SAP導入スケジュール	X年												X+1年					
フェーズとタスク　月	1	2	3	4	5	6	7	8	9	10	11	12	13	14	15	16	17	18
プロジェクト準備/要件定義フェース																		
・プロジェクト発足	■																	
・To-Beの実務要件の確定	■	■	■	■	■	■												
・To-Beの業務フローの作成・確定	■	■	■	■	■	■												
・ベストプラクティスシナリオの選定	■	■	■															
・キーユーザートレーニング	■																	
・標準プログラムの洗い出し				■	■	■												
・組織構造定義（コード設計）					■	■												
・IT基盤構築（HW、SW、NWなど）	■																	
・開発・検証環境構築（SAPのインストールなど）	■				■													
・本番環境構築（SAPのインストールなど）										■								
・パラメータ設定						■	■	■	■	■	■							
実現化フェーズ																		
・プロトタイピング1、2、3							■	■	■									
・ギャップ対応（課題解決）							■	■	■	■	■	■						
・開発（Add-on、外部システム）							■	■	■									
・システムテスト										■								
・メニューの作成（権限設定）										■								
・システム統合テスト											■							
・操作マニュアル作成										■								
・ユーザートレーニング											■							
・ユーザー受入テスト												■						
移行フェーズ																		
・移行テスト													■	■				
・パラメータ/Add-on等本番環境への移送															■			
・マスタデータ本番環境への移行															■			
・残高本番環境への移行																■		
本番運用フェース																		
・運用維持管理																■	■	■
・ヘルプデスク対応																■	■	■
・引継ぎ/プロジェクト解散																		■

＊ **SAPの外**……外部システムなど。

プロジェクトの進め方④ 要件定義の進め方

ワンポイント

- Fit To Standardの考え方
- Fit & Gapで進めるか、Fit To Standardで進めるか

Fit To Standardの考え方

Fit To Standard*とは、ERPパッケージの導入を選択した場合、パッケージに合わせて使用するということです。

従来は、要件定義フェーズにおいて、ERPパッケージを導入する際に発生するGapをAdd-onプログラムで対応することが一般的でしたが、弊害も大きかったため、このような考え方が生まれました。

具体的には、Add-onすることで、プロジェクト全体の投資コストが高くなるとか、プロジェクト期間が長くなる、運用開始後に発生するAdd-onプログラムの改修作業やバージョンアップ対応などに影響が出るといった点を排除したいという考え方に基づいています。

Fit&Gapで進めるか、F2Sで進めるか

要件定義フェーズのアプローチ方法として、**Fit & Gapアプローチ**と**Fit To Standardアプローチ**があります。ここでは、この2つの違いとそれぞれの進め方についてみていきます。

Fit&Gapアプローチ

まず、ユーザーの要望を収集して、要件として取りまとめてTo-Beを描きます。描いたTo-Beが標準機能で問題なくやれるかどうかを確認し、確認した結果、Gapとなった部分をリストアップして、それぞれのGapの解

＊ **Fit To Standard**……F2Sと略される。

決案を考えていきます。

今までは、Gapの解決方法はとして「やり方を変えるのか」、「Add-onする」のかの2択でした。

●Fit To Standardアプローチ

Fit To Standardでは、ERPパッケージ内のAdd-onを排除し、「標準を使い倒す」、「標準を使いこなす」という考え方で進めていきます。

まず、To-Beの自社の業務プロセスを確立します。SAPが提供するベストプラクティスと呼ばれるシナリオの中から、自社にふさわしいものを選択します。そして、確立した自社の業務プロセスと選択したベストプラクティス・シナリオを照らし合わせながら、標準機能がフィットしているかどうかを確認していきます。そして、Fit & Gapアプローチと同様に、Gap部分を洗い出して、それぞれのGapの解決案を考えていきます。

Fit To Standardでは、基本的にGapの部分は、やり方を変えるか、対象外とします。Add-onは行いません。どうしても機能が必要な場合は、SAP BTP*などを使って、SAPの外で対応します(図1)。

図1 Fit To Standardの考え方

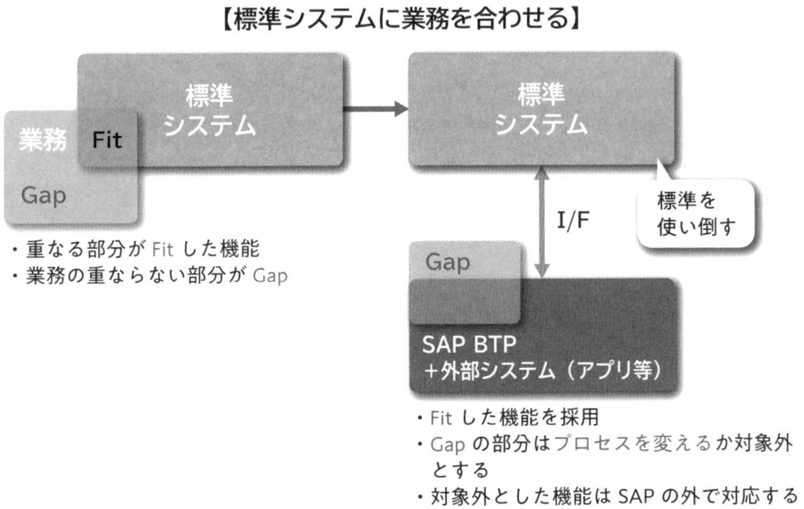

【標準システムに業務を合わせる】

標準 システム

業務

Fit

Gap

・重なる部分がFitした機能
・業務の重ならない部分がGap

標準 システム

標準を 使い倒す

I/F

Gap

SAP BTP
+外部システム(アプリ等)

・Fitした機能を採用
・Gapの部分はプロセスを変えるか対象外とする
・対象外とした機能はSAPの外で対応する

* SAP BTP……SAP Business Technology Platformの略。

今後、このFit To Standardの考え方が主流になっていくものとも思いますが、実際にこの方法でプロジェクトを進めていくと、「なぜこのプロセスを対象外とするのか」、「なぜAdd-onを認めないのか」といったようなことで、プロジェクトメンバー間やトップとの間にあつれきが生じ、プロジェクトがうまく進まないという問題を抱えることがあります。

構築するシステムの目的やゴールを共有するために、何回も何回もメンバーに説明するなどして、参加者の気持ちが同じ方向に向いていくための努力を惜しまないことが必要だと言われています。どちらを採用するかは、会社の考え方次第だと思います。プロジェクトの大方針として重要な方針決定になります。

図2　Fit & Gapで進めるか、Fit To Standardで進めるか

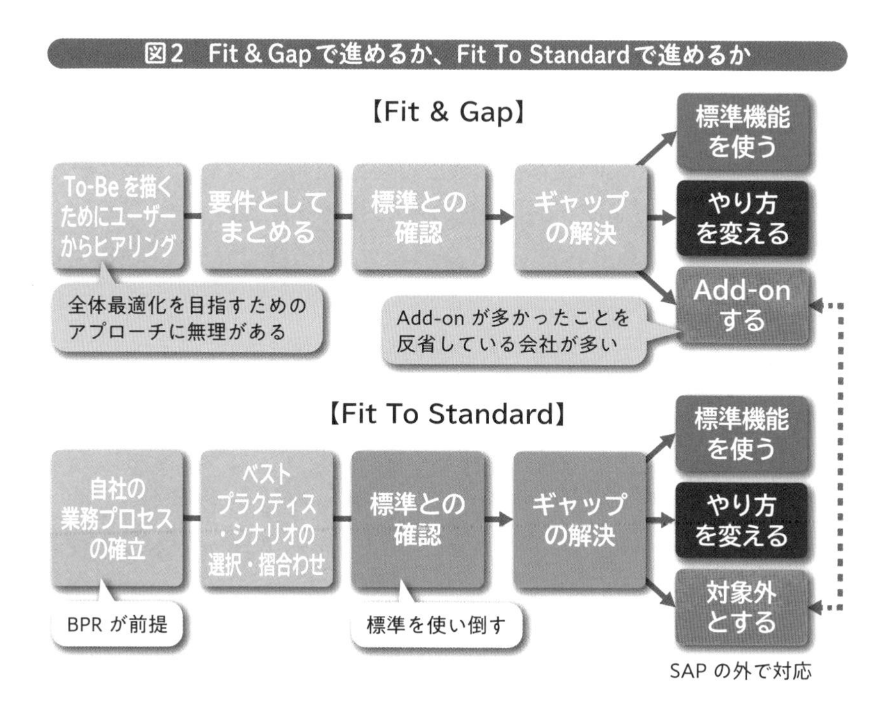
【Fit & Gap】
To-Beを描くためにユーザーからヒアリング
要件としてまとめる
標準との確認
ギャップの解決
標準機能を使う
やり方を変える
Add-onする
全体最適化を目指すためのアプローチに無理がある
Add-onが多かったことを反省している会社が多い
【Fit To Standard】
自社の業務プロセスの確立
ベストプラクティス・シナリオの選択・摺合わせ
標準との確認
ギャップの解決
標準機能を使う
やり方を変える
対象外とする
BPRが前提
標準を使い倒す
SAPの外で対応

第4章

ERPの開発の仕組みを理解しよう

第4章では、SAP社のERPパッケージのS/4HANAにおける開発方法について学びます。Add-onの仕方や開発言語のFioriやABAP、データベースのSAP HANA、3種類のサーバー機について、SAP GUIによるメニューの作り方、ABAPプログラミングについて理解していただきます。

1 ERPシステムを動かすために必要なもの

ワンポイント

- ハードウェア、ソフトウェア、ネットワーク、サーバー機などが必要
- サーバー機として開発機、検証機、本番機が必要
- データベース、プログラム言語なども必要

ハードウェア、ソフトウェア、ネットワーク、サーバー機などが必要

ERPシステムを動かすためには、ハードウェア、ソフトウェア、ネットワーク、サーバー機などが必要になります(図1)。

図1　ERPシステムを動かすために必要なもの

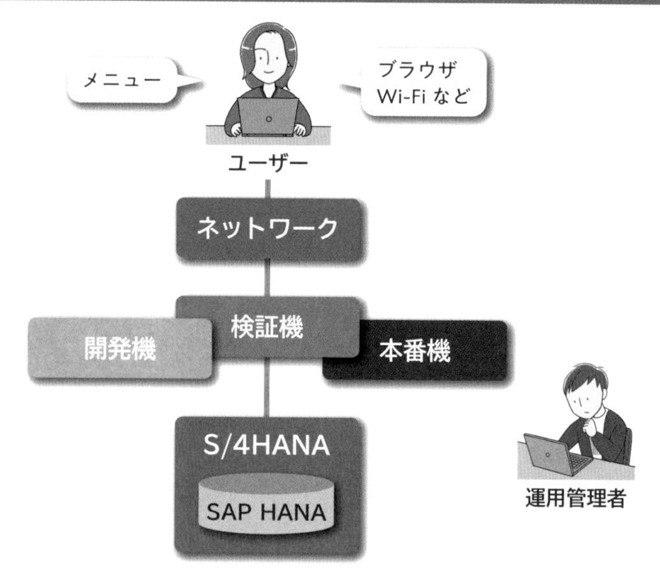

ユーザーは、自身のパソコンにOSやブラウザのインストールが必要です。ネットワークを提供するプロバイダーなどと契約してネットワークを構築します。Wi-Fiなども用意します。

ERPパッケージのSAP S/4HANAを導入する場合は、サーバー機にS/4HANAやSAP社が開発したデータベースのSAP HANAをインストールします。クラウド製品を使用する場合は**データセンター**などと契約して使用します。

サーバー機は、開発用、検証用、本番用の3種類用意します。機能追加を行う場合、S/4HANAではFioriやABAPを使用します。

まず開発機を使ってパラメータ設定やプログラム開発、単体テストなどを実施します。次にシステムテストやユーザーの受入れ検証を、検証機を使って行います。そして本番機を使って業務を運用していくことになります。システム全体の運用管理は、運用管理者などが行っていきます。

ユーザーは、ユーザーIDを登録して、用意されたメニューを使って業務処理プログラムを動かします。

コラム ダブリ作業を見つける

BPR(Business Process Re-engineering)を進めていく時の取っ掛かりとして、ダブリ作業を見つけることも有効です。同じ内容のマスターを複数のシステムで使用していたり、同じ数字を繰り返して転記、集計、確認しているケースなどがあります。このような場合は、1か所かつ1回で処理が済むように、プロセスを作り直すことでダブリ作業を排除できます。

2 開発① Add-onの方法

ワンポイント

- ユーザー要件を固める
- ユーザー要件を仕様書として作成
- プログラミング、テストを行う

ユーザー要件を固める

Add-on**プログラム**を作るためには、まずユーザーから要件をヒアリングして、その要件を固める必要があります。どのような目的のプログラムを必要としているのかを打ち合わせなどを行いながら確認していきます。確認したことを**要件定義書**などのドキュメントとして残して、ユーザーから承認を受けることも重要な点になります。

ユーザー要件を仕様書として作成する

ユーザーの要件定義書を元に、**基本設計書**を作成します。プログラムの概要を記述してプログラムが何を目的として開発するものなのかをわかるように記載します。

この中には、使用するテーブルや、アウトプットする帳票のレイアウト、画面の遷移図などを付けていきます。ほかのシステムなどからデータを取込むプログラムの場合は、そのファイルレイアウトや各項目の内容なども明記しておきます。できあがった基本設計書を元に、依頼ユーザーから承認をもらい詳細設計書を作成していきます。

詳細設計書では、コーディングする際のフローやロジックに落とし込んで、プログラミングする人に正しく伝わるように書いていきます。使用する汎用モジュールなども記載します。その後、単体テスト用のテストシナリオを準備していきます。

プログラミング、テストを行う

基本設計書、詳細設計書を元に指定された言語で**プログラミング**を行っていきます。会社やプロジェクトによっては、コーディング規約などがありますので、それに沿って書いていきます。

できあがったプログラムは、**テスト**を行います。基本設計書や詳細設計書を作成した人にテストデータの作り方などを教えてもらい、テストシナリオとテストデータを作っていきます。テストシナリオは、基本設計者にレビューを依頼することでパターン漏れを防げます。

そのテストシナリオとデータを使いながら、コーディングしたプログラムのテストをしていきます。テスト結果をエビデンスとして残します。単体テストが完了したら、基本設計書や詳細設計書を書いた人に動作確認をしてもらいます。OKをもらったら、依頼ユーザーにテストしてもらいます。依頼ユーザーからOKをもらったら完成と言うことになります(図1)。

この後、ほかの開発プログラムなどとの結合テストやシステムテストなどを行っていきます。

もう少し詳しいところを4-8節以降で自動販売機の釣銭を求めるサンプルプログラムを使いながら説明します。

図1 Add-onの方法

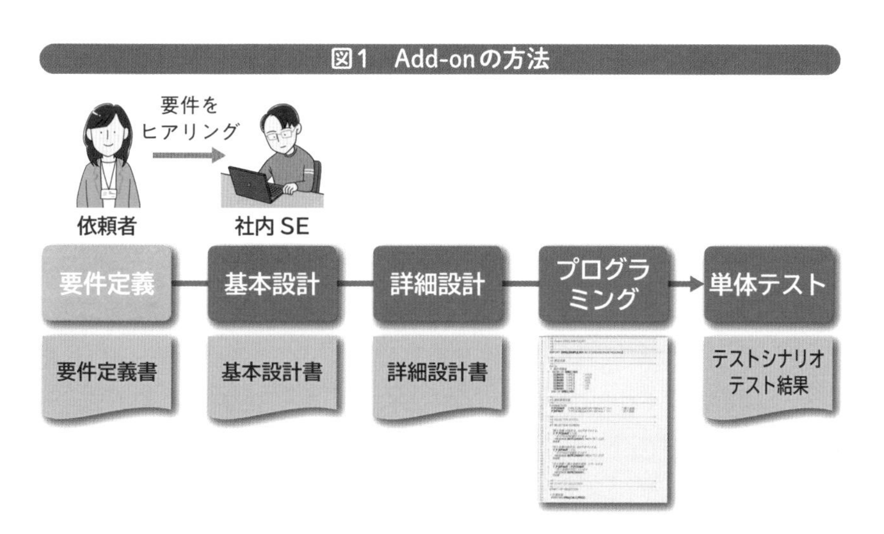

3 開発② Fiori

ワンポイント

- Fioriはユーザーとのインターフェース機能を担当する開発言語
- HTML5、JavaScript、CSSなどのオープンな技術が使われている
- ODataという標準化されたプロトコルを使ってABAPなどのアプリケーションと接続して使う

Fioriはユーザーとのインターフェース機能を担当する開発言語

Fioriはユーザーとのインターフェース機能を担当する新しいフロントエンジン*です。

従来、画面はパソコンに依存したSAP GUIをベースにABAPで作られていました。これを画面の縮小・拡大などが自由にできるFioriに変えることで、スマホやタブレットでもSAPのERPパッケージが使えるようになりました。

Fioriは、オープンな技術を採用

S/4HANAでは、画面などのフロント部分はFiori、ビジネスロジックの部分はABAPやCDSView*を使って開発するように切り分けされました。

このFioriは、HTML5、JavaScript、CSSなどのオープンな技術を使っていますので、これに対応できる技術者が多くいることが期待できます。また、SAP社からFioriの開発用のライブラリーとして、SAPUI5*が提供されています。

---

* **フロントエンジン**……パソコンやタブレットなどで使われる機能のこと。
* **CDSView**…………Core Data Services View の略。OLTP と OLAP の統合目的で用意されたビュー。
* **SAPUI5**…………ユーザーインターフェース開発用のフレームワーク。HTML、CSS、JavaScript などが使われている。

ODataという標準化されたプロトコルを採用

S/4HANAでは、画面をFioriで、ビジネスロジックをABAPというように切り分けしたということをお伝えしました。

このフロント部分のFioriとビジネスロジック部分のABAPプログラムを繋ぐのがOData（オーデータ）*となっています。ODataは、RESTful*なWeb API（Webサービス）プロトコルです。Microsoft社が主導で策定したものでOASISとISOで標準化されています（図1）。

Fioriアプリケーションは、データ通信を汎用的なODataで行うため、データソースをSAPシステムだけに限らず、ほかのシステムからも受け取ることができます。

図1　Fioriアプリの構成

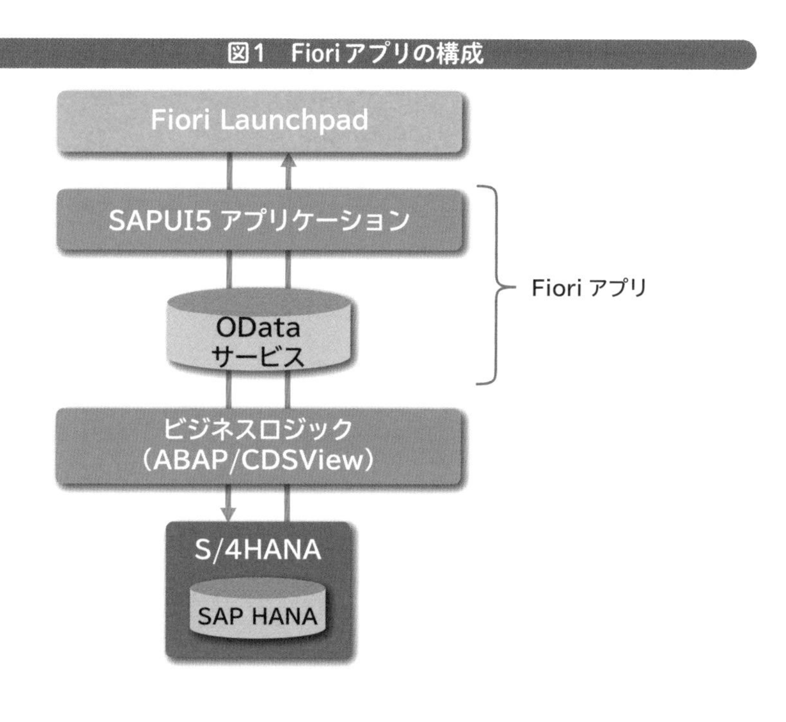

* OData……Open Data Protocol の略。
* RESTful……HTTP プロトコルで情報をやり取りするためのインターフェースの一種。

開発③ ABAP

ワンポイント

- SAP社が開発したプログラミング言語
- イベントドリブン型の言語
- ABAPでフロント分とロジック分を書いた例

SAP社が開発したプログラミング言語

ABAPは、SAP社が開発したプログラミング言語で、Advanced Business Application Programmingの略です。SAP社のシステム開発に使われているSAP専用の開発言語です。画面の作成(項目、配置、入力チェックなど)やデータの抽出·編集、レポートの作成、オンライン処理、バッチ処理など様々な処理を行うことができます。

イベントドリブン型の言語

ABAPは**イベントドリブン型言語**とも言われ、画面上の何らかのアクションが行われるとそれに紐付いて処理が行われる仕組みになっています。

例えば、次のようなイベント命令があります。データ宣言部分と処理部分の2つにわかれます。データ宣言部分では、DATAやTYPE命令などを使って、このプログラムで扱うデータの格納領域などの定義を行います。

処理部分では、イベントブロックにわかれており、各イベント命令後に記述されている処理がそれぞれのタイミングで実行されます(**表1**)。

表1 イベント命令の例

イベント	処理タイミング	記述する処理の例
INITIALIZATION	選択画面表示前	変数の初期化など
AT SELECTION-SCREEN	選択画面上でのユーザー入力後	入力内容のチェックなど
START-OF-SELECTION	実行ボタン押下後	メイン処理を記述
END-OF-SELECTION	メイン処理終了後	結果の出力など

ABAPでフロント部分とロジック部分を書いた例

S/4HANAでは、フロント部分はFioriで、ビジネスロジック部分はABAPで書くようにすみ分けされたことをお伝えしました。ここでは、従来型のABAPで両方を書いた場合の処理イメージについて、図1に沿って説明していきます。指定された会社の対象年月の会計伝票をデータベースから検索して、その検索結果を画面に出力する例です。

まず、会社コード、処理年月を画面から入力します。処理ロジック1で入力内容をチェックします。間違いがあったらエラー表示し、再度入力を促します。

図1 ABAPプログラムの処理イメージ

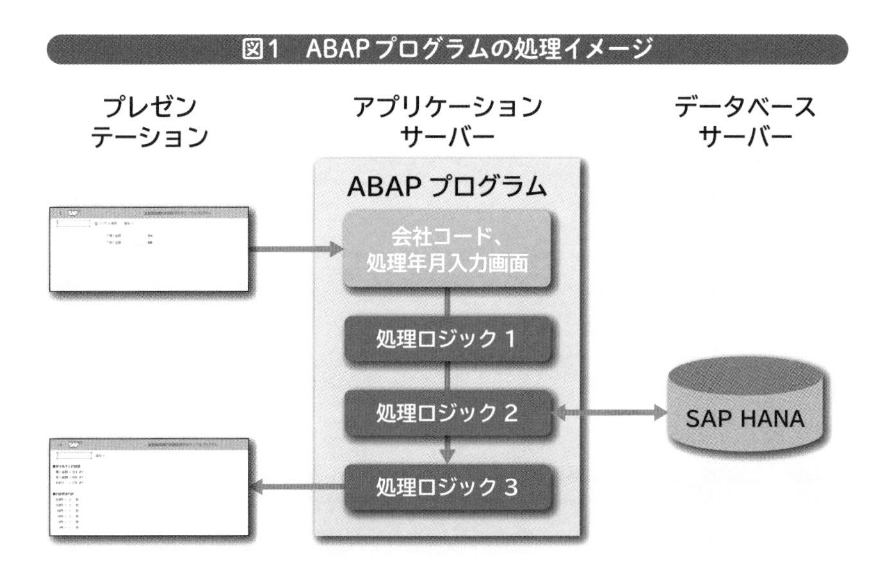

正しいパラメータを取込めたら、処理ロジック1で入力値のチェックを行い、処理ロジック2に移り、対象のデータをデータベースから検索・抽出します。取得したデータを処理ロジック3で編集して画面に出力するプログラムの例です。

プログラムは、アプリケーションサーバー上に、データベースはデータベースサーバー上にあります。処理結果はパソコン上の画面に表示したものです。

開発④ データベース/SAP HANA

ワンポイント

- SAP HANAは、SAP社が独自に開発したデータベース
- スピードアップのためにインメモリ、カラムストアなどの技術が取り入れられている
- データベース機能にアプリの開発、分析ツールが付属されている

SAP HANAの特徴

SAP社は、自社ソフトウェアの真のリアルタイム処理(タイムラグゼロ)実現のために、インメモリデータベースに着目し、多くの開発期間をかけて、データベースの開発に取り組んできました。その結果、完成したのがSAP HANAです(図1)。

図1 SAP HANAはSAP社が開発したデータベース

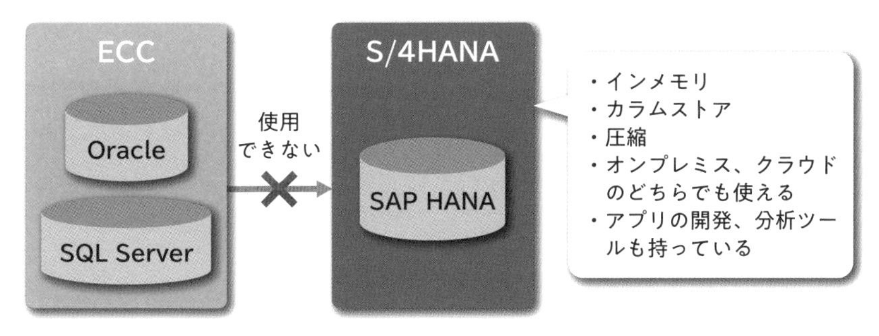

今までのSAPのERPパッケージ、例えば、旧バージョンのECCなどでは、OracleやSQL Serverなどの他社製品のデータベースを使って運用し

てきましたが、S/4HANAからは、Oracleなどのデータベースは使用できなくなり、SAP社のデータベース製品であるSAP HANAだけになりました。オンプレミスでもクラウドでも使えます。

SAP HANAには、インメモリのほかに、カラムストア、圧縮処理などの特徴もあります。

●インメモリ

一般的に広く使われているデータベースでは、処理の都度、補助記憶装置上にデータを書き込んで処理する方式を採用していますが、SAP HANAでは、補助記憶装置ではなく、メインメモリ上にデータを展開しながら処理する方式を採用しています。また、処理時間がかかる補助記憶装置とのやり取りを切り離して、バックグラウンドで行うことで、処理性能を向上させています。

●カラムストア

従来、あるファイル上のデータを検索する場合、検索キーにヒットするデータを、索引などを使いながら、レコード単位に読み込んで処理してきましたが、この「カラムストア」方式では、各レコード上の項目単位(列単位)に検索します。もし、同じ情報があれば、それをID化*して圧縮することで、アクセス回数を減らす方式を採用しています。

また、検索に必要な列のみを検索対象にすることで、処理効率の向上を図っています。カラムストアの仕組みは、2-4節「データベースの進化」で具体的に説明しています。

●圧縮

列単位でディクショナリ圧縮を行うことで、圧縮効果は、ローストア型データベースの3分の1～5分の1ともいわれる効率の良い圧縮を実現しています。

また、インメモリデータベースの使用量の低減だけでなく、検索や計算処理が高速化という効果も生み出しているほか、辞書構造*をキャッシュに格納することで、メインメモリアクセスの低減も図っています。圧縮時は、カラムごとに独立した辞書構造に変換し、メモリ上に連続的に配置されます。

＊**ID化**…………Value ID配列を作ること。
＊**辞書構造**…………Value IDを付けたデクショナリ（Dictionary）のこと。

アプリの開発、分析ツールが付いている

SAP HANAは、単なるデータベースではありません。データベースの機能のほかに、アプリ開発・実行機能、分析ツール機能、データ統合、HANAモデリングの機能も持っています(図2)。

図2　SAP HANAの分析機能など

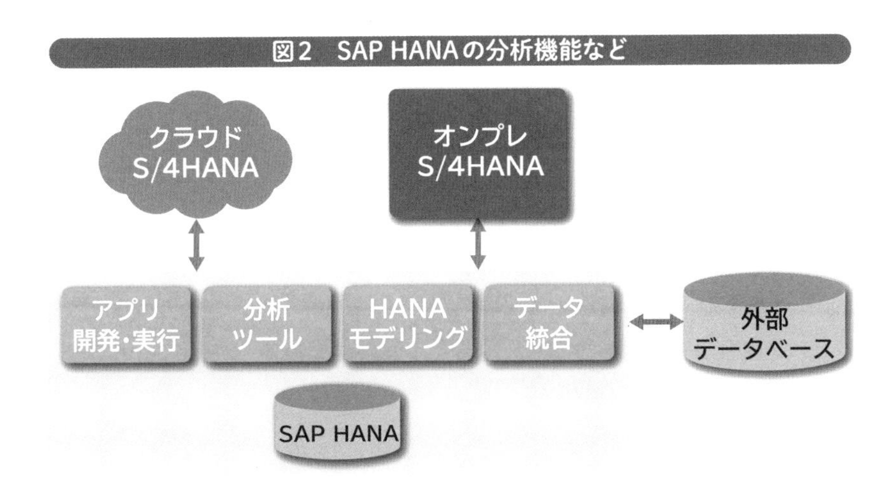

●アプリ開発・実行機能

アプリ開発・実行機能は、アプリケーションサービスと言われるもので、Webベースのアプリケーションの開発および実行環境を提供します。

●分析ツール

分析ツールは、プロセッシングサービスと言われるもので、ビッグデータなどを分析するための様々なエンジンを提供します。例えば、下記のようなエンジンを提供します。

- グラフエンジン
- テキスト分析エンジン
- 時系列エンジン
- 予測分析ライブラリ

- 地理空間処理エンジン
- ストリーム分析エンジン

●データ統合

データ統合はインテグレーションサービス*と言われるもので、SAPの外にある既存のデータ資産や既存のアプリケーション資産と、SAPHANA上のデータ資産のデータ統合をサポートするものです。

●SAP HANAモデリング

SAP HANAモデリングでは、レポート要件を「SAP HANA View」と呼ばれる、下記のHANA独自のView*で実装します。

- Attribute View
- Analytic View
- Calculation View

* インテグレーションサービス……別々に存在する外部テーブルを統合するサービスのこと。
* View……複数のテーブルからある条件に基づいて一部のデータを抽出し、あたかも1つの新しいテーブルのように表したもの。

6 サーバー機

ワンポイント

- 3つのサーバー機が必要
- 開発機、検証機、本番機の役割

3つのサーバー機

サーバー機についてですが、SAPのERPパッケージを導入する場合は、開発機、検証機、本番機の3つのサーバー機が必要になります。

ここで、ERPパッケージを導入する場合の環境について、見ていきましょう。オンプレミスの場合とクラウドの場合で、環境構築のタスク内容が変わりますが、どちらの場合でも、基本的に開発機、検証機、本番機の3つの環境を用意します。これを**スリーランドスケープ**と言います(図1)。

図1　スリーランドスケープの例

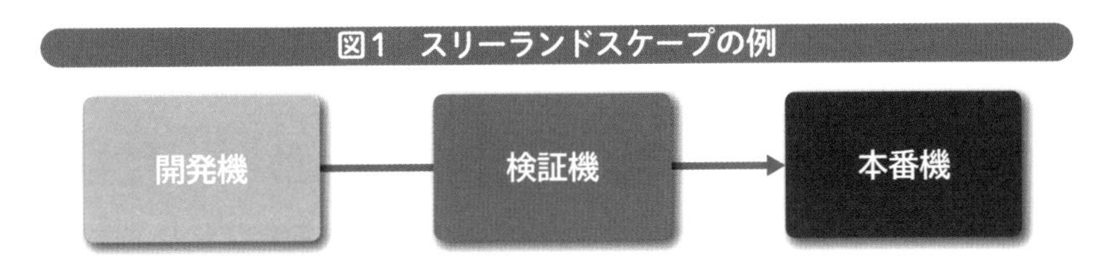

この3つの環境を構築するのがBasis担当者ですが、クラウド環境を使用する場合は、これらの環境の構築は、クラウドサービス提供会社が行うことになります。そして、それぞれのサーバー機を使いながらプロジェクトの工程に従ってプロジェクトを進めていきます。

開発機、検証機、本番機の役割

開発機では、パラメータ設定とその設定したパラメータの動作確認などを行います。Add-onプログラム開発も開発機で行います。検証機では、システムテストやユーザーの受入れテストなどを行います。その確認が完了したら、本番機を使って本番運用を開始します(図2)。

図2　開発機、検証機、本番機の役割

開発機
・パラメータ設定
・標準プログラム動作確認
・Add-on プログラム開発

検証機
・システムテスト
・メニュー
・権限設定
・ユーザー受け入れテスト

本番機
・パラメータ
・Add-on プログラム移送
・本番用マスター
・残高セットアップ など

パラメータ、メニュー、権限、Add-on プログラム移送

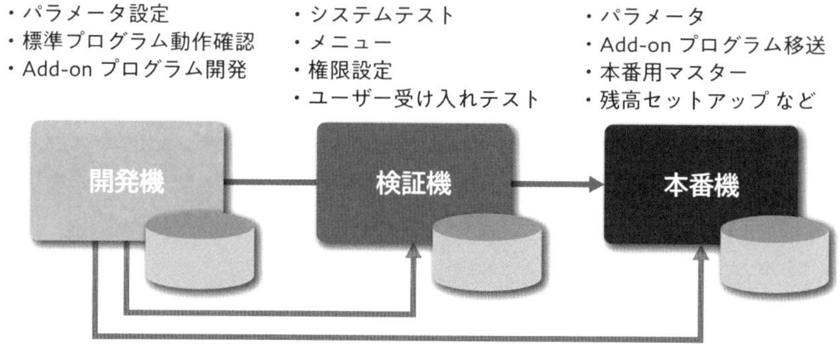

それぞれのサーバー機の役割をもう少し詳細に見ていきましょう。

●開発機

ERPパッケージを利用するための元となる標準のパラメータをコピーして設定していきます。SIerなどが作ったERPパッケージテンプレートを使用する場合もあります。ゴールの業務フローに基づいて、使用する標準のプログラムの洗い出しなどを行います。これをシステムフローに落とし込み、何回もTry & Goを繰り返しながら、元となるパラメータを確定させていきます。

一方、標準機能で対応できない機能をAdd-onして開発する場合もこの開発機で行います。

●検証機

確定したパラメータを開発機から移送して持ってきます。これに検証用のテストデータやテスト用のマスタも入れます。

さらに利用するユーザーごとの権限設定やユーザーメニューを作成して、ユーザー、ユーザーグループ別にシステムテストを行っていきます。Add-onしたプログラムも加えて検証機でシステムテストを行います。

これが終了したら、この検証機を使ってユーザーの受入れ検証などを行います。

●本番機

本番運用開始前に、ERPパッケージのインストールや検証済のパラメータ、Add-onプログラム、必要なマスタ、残高などを本番機にセットアップして運用を開始します。

コラム　ワークフローについて

社内の定められた規定や条件を満たし、承認ルートに沿って申請書などを承認する手続きのことをワークフローと言います。例えば、SAPでは、購買依頼伝票の金額や数量などによって承認ルートを変えたり、課長→部長といった承認階層の設定などができます。

SAP GUIによるメニューの作り方

ワンポイント

- SAP GUIは『PFCG』で作成
- 会計関係のメニューの例
- 販売、購買・在庫、マスタ関係のメニューの例

SAP GUIは『PFCG』で作成

SAP GUIによるメニューの作り方ですが、トランザクションコードの『PFCG』を使ってメニューを作成します(図1)。

まず、ロール*の名前を付けてロールを登録します。そして、ロールにメニューのフォルダ*を追加します。フォルダは、階層構造で作れます。

図1 SAP GUIによるメニューの作成方法

上下関係はマウスで簡単に移動させることができます。フォルダの中に

＊**ロール**……ユーザーに与える権限をまとめたもの。

＊**フォルダ**……利用できる機能の階層化用に使用する。

実行させるトランザクションコード(例えば、『FB50』『FB03』『FB60』など)を登録していきます。

使用するトランザクションコードは、要件定義フェーズ以降に行うプロトタイプなどで、業務フローやシステムフローに沿って洗い出します。これをユーザー、ユーザーグループ別にメニューとして作成していきます。

会計関係のメニューの例

表1は、会計関係でよく使用するメニューとトランザクションコードの例です。財務会計(FI)と管理会計(CO)のメニューの例になります。

表1 FI、COのメニューの例

階層1	階層2	機能	トランザクションコード
会計処理	会計伝票入力	振替伝票	FB50
		債権伝票	FB70
		債務伝票	FB60
		伝票照会	FB03
	消込・支払処理	入金消込	F-28
		支払消込	F-53
		自動支払	F110
	明細照会	総勘定元帳明細	FAGLL03
		得意先明細	FBL5N
		仕入先明細	FBL1N
	残高照会	勘定残高	FAGLB03
		債権残高	FD10N
		債務残高	FK10N
	帳表作成	仕訳帳	S_ALR_87012289
		合計残高試算表	S_ALR_87012277
		財務諸表	S_ALR_87012284
		管理領域設定	OKKS
		原価センタ:実績/計画/差異	S_ALR_87013611
		指図:実績/計画/差異	S_ALR_87012993
		利益センタ:実績/計画/差異	S_ALR_87013326
	為替評価	外貨評価	FAGL_FCV
	締め処理・残高繰越	会計期間OPEN/CLOSE	OB52
		残高繰越	FAGLGVTR

販売、購買・在庫、マスタ関係のメニューの例

表2は、販売(SD)、購買・在庫(MM)、生産(PP)、マスタ関係でよく使用するメニューとトランザクションコードの例です。

表2 SD、MM、PP、マスタのメニューの例

階層1	階層2	機能	トランザクションコード
ロジ関係処理	購買・在庫処理	在庫照会	MMBE
		購買依頼	ME51N
		発注	ME21N
		入庫	MIGO_GR
		請求書照合	MIRO
		品目締め処理	MMPV
	製造処理	製造指図登録	CO01、CO07
		指図確認	CO11N、CO15
		出庫	MIGO_GI
		仕掛計算	KKAX、KKAO
		差異計算	KKS2、KKS1
		指図決済	KO88、CO88
	販売処理	見積	VA21
		受注	VA01
		出荷	VL01N
		請求	VF01
マスタメンテナンス	BPマスタ(ビジネスパートナー)	登録、変更、照会	BP
	得意先マスタ	登録、変更、照会	BP、XD03、FD03
	仕入先マスタ	登録、変更、照会	BP、XK03、FK03
	品目マスタ	登録	MM01
		変更	MM02
		照会	MM03
	勘定科目マスタ	勘定コードレベル+会社コードレベル	FS00
		勘定コードレベル	FSP0
		会社コードレベル	FSS0
	銀行マスタ	登録	FI01
		変更	FI02
		照会	FI03
	為替レートマスタ	入力	S_BCE_68000174

8 ABAP開発① 基本設計書

ワンポイント

- ユーザーの要望を確認するためのドキュメント
- ヒアリングしたユーザー要件を基本設計書としてまとめる
- ユーザーに基本設計書をレビューしてもらう

ユーザー要件を元に基本設計書を作成

ABAPによるプログラム開発手順を、例題を使って説明していきましょう。

例題ですが、自動販売機に、1,000円未満の商品が品揃えされています。購入金額と代金を入力したら、その釣銭をディスプレイ上に表示する、というのがユーザー要件です。ユーザーの要件を元にサンプルとして書いた基本設計書の例を図1に示します。

図1　基本設計書のサンプル①

文書名	基本設計書（仕様定義）	作成日	2023/10/10	更新日	
		作成者	アレグス	更新者	

システム化の背景・目的

自動販売機の釣銭を計算するシミュレーションプログラムを構築する。
入力した購入金額と投入金額をもとに釣銭を計算、算出した釣銭に対して硬貨別に区分けした結果を出力する

変更履歴

前提条件/制約事項

■ 前提条件
・ サンプルPGMのため、購入金額と投入金額の上限は、999円とする。
そのため、釣銭は硬貨のみを前提に計算する。

■ 制約事項
・ なし

操作手順

① メニューより自動販売機の釣銭を求めるサンプルプログラムを起動する。
② 選択画面の購入金額、投入金額を入力して、実行ボタンを押下する。

1ページ

機能概要

No.	処理概要
1	選択画面の入力チェック
	・ 購入金額が999円以内かチェックを行う。
	・ 投入金額が999円以内かチェックを行う。
	・ 投入金額が購入金額を下回らないかチェックを行う。
2	計算処理
	・ お釣りの金額を算出する。
	・ お釣りに対し、硬貨別の枚数を算出する
3	処理結果出力
	・ 購入金額、投入金額、お釣り、釣銭硬貨の内訳を出力する。

基本設計書は、ユーザーの要望を確認するためのドキュメントでもあり、ユーザーが理解しやすいように具体的に記載します。内容としては、作成する背景や目的と使用するにあたっての前提・制約条件、入出力フローや画面フロー、画面や帳票のデザイン図、ファイルなどの入出力定義や使用するテーブル、処理の概要などを記載します(図2)。

基本設計書は、後述のプログラマがコーディングできるよう詳細な仕様が記載されている詳細設計書と異なり、外部に向けて機能の概要を具体化したドキュメントです。そのため、会社によっては、概要設計書や外部設計書と呼ばれることもあります。

図2 基本設計書のサンプル②

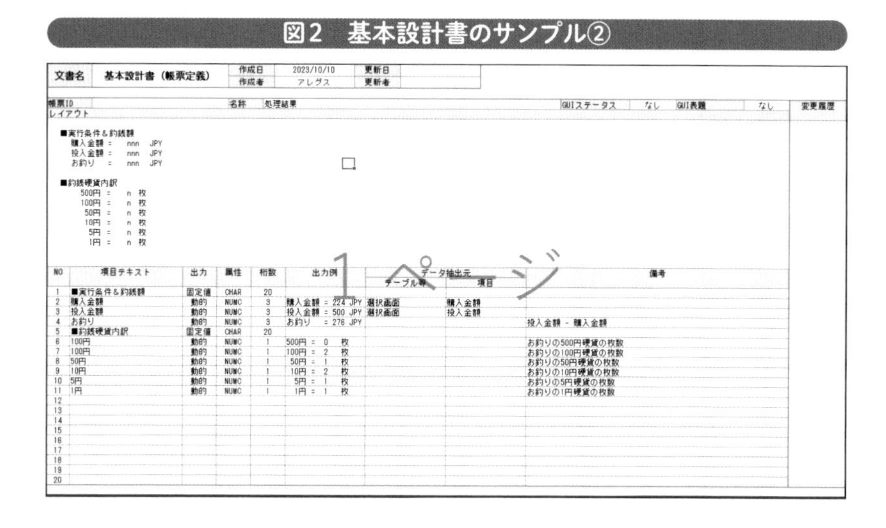

文書名	基本設計書（帳票定義）	作成日	2023/10/10	更新日	
		作成者	アレグス	更新者	

帳票ID		名称	処理結果	GUIステータス	なし	GUI表題	なし	変更履歴

レイアウト

■実行条件＆釣銭額
購入金額 = nnn JPY
投入金額 = nnn JPY
お釣り = nnn JPY

■釣銭硬貨内訳
500円 = n 枚
100円 = n 枚
50円 = n 枚
10円 = n 枚
5円 = n 枚
1円 = n 枚

NO	項目テキスト	出力	属性	桁数	出力例	データ抽出元		備考
						テーブル等	項目	
1	■実行条件＆釣銭額	固定値	CHAR	20				
2	購入金額	動的	NUMC	3	購入金額 = 224 JPY	選択画面	購入金額	
3	投入金額	動的	NUMC	3	投入金額 = 500 JPY	選択画面	投入金額	
4	お釣り	動的	NUMC	3	お釣り = 276 JPY			投入金額 - 購入金額
5	■釣銭硬貨内訳	固定値	CHAR	20				
6	100円	動的	NUMC	1	500円 = 0 枚			お釣りの500円硬貨の枚数
7	100円	動的	NUMC	1	100円 = 2 枚			お釣りの100円硬貨の枚数
8	50円	動的	NUMC	1	50円 = 1 枚			お釣りの50円硬貨の枚数
9	10円	動的	NUMC	1	10円 = 2 枚			お釣りの10円硬貨の枚数
10	5円	動的	NUMC	1	5円 = 1 枚			お釣りの5円硬貨の枚数
11	1円	動的	NUMC	1	1円 = 1 枚			お釣りの1円硬貨の枚数
12								
13								
14								
15								
16								
17								
18								
19								
20								

プログラム単位に記載するケースやおおまかな機能分類単位で作成する場合もあります。注意点としては、要件定義で定義された内容が正しく具体化されているか、レビューを実施し、考慮漏れや認識齟齬がないかチェックする必要があります。レビュー後に承認をもらい、後工程の詳細設計書を作成していきます(図3)。

図3 基本設計書のサンプル③

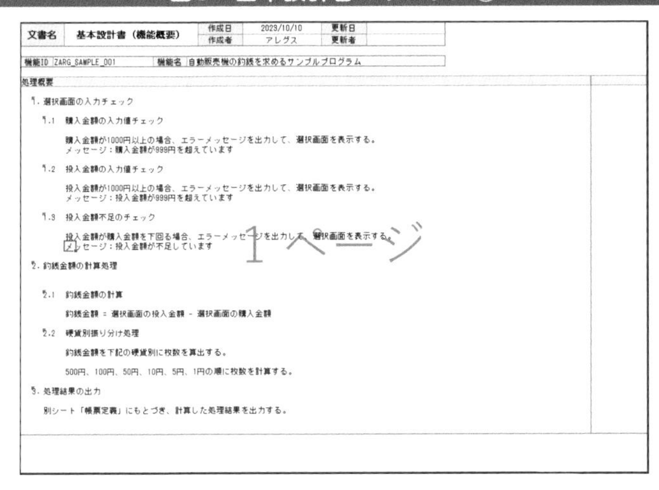

文書名	基本設計書（機能概要）	作成日	2023/10/10	更新日	
		作成者	アレグス	更新者	

機能ID	ZARG_SAMPLE_001	機能名	自動販売機の釣銭を求めるサンプルプログラム

処理概要

1. 選択画面の入力チェック

1.1 購入金額の入力値チェック

購入金額が1000円以上の場合、エラーメッセージを出力して、選択画面を表示する。
メッセージ：購入金額が999円を超えています

1.2 投入金額の入力値チェック

投入金額が1000円以上の場合、エラーメッセージを出力して、選択画面を表示する。
メッセージ：投入金額が999円を超えています

1.3 投入金額不足のチェック

投入金額が購入金額を下回る場合、エラーメッセージを出力して、選択画面を表示する。
メッセージ：投入金額が不足しています

2. 釣銭金額の計算処理

2.1 釣銭金額の計算

釣銭金額 = 選択画面の投入金額 - 選択画面の購入金額

2.2 硬貨別振り分け処理

釣銭金額を下記の硬貨別に枚数を算出する。

500円、100円、50円、10円、5円、1円の順に枚数を計算する。

3. 処理結果の出力

別シート「帳票定義」にもとづき、計算した処理結果を出力する。

コラム パラメータについて

ERPパッケージを動かすまでに様々な準備が必要です。その1つにパラメータ設定があります。SAPのパラメータ設定方法が理解しやすくなる「定義」「割当」「有効化」の3つの言葉を覚えておきましょう。「定義」（Definition）は、コードを登録することを意味します。例えば、会社コードを登録することを定義という言葉を使っています。「割当」（Assignment）は、定義したコードに別のパラメータを紐付けることを言います。有効化「Activate」は、その機能を利用可能にする場合に使用します。

9 ABAP開発② 詳細設計書

ワンポイント

- 基本設計書を元に詳細設計書を作成する
- 具体的な自動販売機の釣銭を求める詳細設計書の例

基本設計書を元に詳細設計書を作成する

基本設計書に基づいて作成するのが**詳細設計書**です。以下に詳細設計書のサンプルを掲載します。この詳細設計書は、4-8節の図1～図3の基本設計書を元に作成したものです(図1)。

図1　詳細設計書の例

文書名	詳細設計書（処理仕様）	作成日	2023/10/10	更新日	
		作成者	アレグス	更新者	

機能 ZARGR_TEST001　画面名 [販売IF]会計伝票登録

処理詳細　変更履歴

NO 1 イベント INITIALIZATION

処理なし

NO 2 イベント AT SELECTION-SCREEN

2.1. 購入金額の入力値チェック

下記の条件に合致する場合、エラーメッセージを出力して選択画面を表示する。

<条件> 選択画面：購入金額 > 999
<MSG > メッセージ一覧No.001を表示する

2.2. 投入金額の入力値チェック

下記の条件に合致する場合、エラーメッセージを出力して選択画面を表示する。

<条件> 選択画面：投入金額 > 999
<MSG > メッセージ一覧No.002を表示する

2.3 投入金額不足のチェック

下記の条件に合致する場合、エラーメッセージを出力して選択画面を表示する。

<条件> 選択画面：購入金額 > 選択画面：投入金額
<MSG > メッセージ一覧No.003を表示する

NO 3 イベント START-OF-SELECTION

3.1. 釣銭金額の計算処理

3.1.1 釣銭金額の算出

変数：釣銭金額に選択画面：投入金額 － 選択画面：購入金額を格納する。

3.1.2 硬貨別枚数の振り分け処理

変数：ワーク釣銭金額 に 3.1.1で計算した変数：釣銭金額 を格納する。

500円硬貨	変数：除算結果に 変数：ワーク釣銭金額 / 500 を格納する。 計算した結果の整数部を変数：硬貨枚数500 に格納する。 変数：ワーク釣銭金額から 変数：硬貨枚数500 * 500 を減算する。
100円硬貨	変数：除算結果に 変数：ワーク釣銭金額 / 100 を格納する。 計算した結果の整数部を変数：硬貨枚数100 に格納する。 変数：ワーク釣銭金額から 変数：硬貨枚数100 * 100 を減算する。
50円硬貨	変数：除算結果に 変数：ワーク釣銭金額 / 50 を格納する。 計算した結果の整数部を変数：硬貨枚数050 に格納する。 変数：ワーク釣銭金額から 変数：硬貨枚数050 * 50 を減算する。
10円硬貨	変数：除算結果に 変数：ワーク釣銭金額 / 10 を格納する。 計算した結果の整数部を変数：硬貨枚数010 に格納する。 変数：ワーク釣銭金額から 変数：硬貨枚数010 * 10 を減算する。
5円硬貨	変数：除算結果に 変数：ワーク釣銭金額 / 5 を格納する。 計算した結果の整数部を変数：硬貨枚数005 に格納する。 変数：ワーク釣銭金額から 変数：硬貨枚数005 * 5 を減算する。
1円硬貨	変数：除算結果に 変数：ワーク釣銭金額 / 1 を格納する。 計算した結果の整数部を変数：硬貨枚数001 に格納する。 変数：ワーク釣銭金額から 変数：硬貨枚数001 * 1 を減算する。

詳細設計書は、基本設計書をベースに具体的なロジックを記載します。それ以外に、定義事項や使用する部品の説明、テーブルからの取得または更新方法、編集内容、出力するメッセージの内容など、プログラマがプログラミングできるレベルまで落とし込んだ内容を記載します。内部向けのドキュメントとなるので、内部設計書と呼ばれることもあります。注意点としては、開発者視点で書く必要があるため、開発経験が必要となります。

コラム 移送について

SAPでは、開発環境を使ってパラメータの設定や追加プログラムの開発などを行います。これらの設定内容がフィックスしたら、検証環境にパラメータや追加開発プログラムを移送し、検証環境でテストします。移送は、自動発番された移送番号を使って行います。この移送番号の内容と順番などを移送管理簿を使って管理することも重要な作業の1つです。

10 ABAP開発③ ABAPコーディング例

ワンポイント

- サンプルコーディング例
- サンプルコーディング例を解説します

サンプルコーディング例

図1～図3は、詳細設計書を元にコーディングしたサンプルです。

DATA命令*やTYPE命令*で、データの格納領域を定義し、またPARAMETERS命令*等で選択画面の項目を定義しています。

イベント命令のAT SELECTION-SCREEN*で実行する前に選択画面の入力チェックを実施し、START-OF-SELECTION*で実行ロジックをコーディングします。さらにPERFORM命令*の中に計算ロジックを書いています。

END-OF-SELECTION*の中には、最後の処理結果を画面に表示するロジックが書かれています。命令の使い方の詳細については、ABAPプログラミングの解説書などを参考にしてください。

このプログラムのロジックのポイントは、釣銭を金種ごとに計算するために、大きいお金から計算し、元の金額からその計算結果を引き算していって、500円、100円、50円、10円、1円の金種を求めていくところです。

WRITE文について補足説明すると、この中に記載されている"/"は改行を意味します。また、例えば、132行目の「WRITE: 018(003)' JPY'」は、「18カラム目から' JPY'という3文字を表示する」を意味しています。

* **DATA命令**……変数や構造、内部テーブルを定義する命令。
* **TYPE命令**……使用する格納領域の型を定義する命令。
* **PARAMETERS命令**……入力項目を定義する命令。
* **AT SELECTION-SCREEN**……主に入力値のチェックを実施するイベント。
* **START-OF-SELECTION**……データの抽出やデータ編集等のメイン処理を記述するイベント。
* **PERFORM命令**……サブルーチン（繰り返し利用される機能のまとまり）を呼び出す命令。
* **END OF SELECTION**……プログラム終了時に呼び出されるイベント。

実際には、5,000円、1,000円も釣銭として考えられますが、この例題にロジックを加えることで対応できます。レジのシステムや、銀行のATM、現金でお金を支払う場合の金種表の作成など、様々なところでこのロジックが使われています。

図1　ABAPコーディングの例①

```
1  *&---------------------------------------------------------------------*
2  *& Report ZARG_SAMPLE_001
3  *&---------------------------------------------------------------------*
4  *&
5  *&---------------------------------------------------------------------*
6  REPORT ZARG_SAMPLE_001 NO STANDARD PAGE HEADING.
7
8  *&---------------------------------------------------------------------*
9  *& 構造定義
10 *&---------------------------------------------------------------------*
11 DATA:
12 *  集計用構造
13   BEGIN OF GREC_YEN,
14     COIN500   TYPE I,        " 500円
15     COIN100   TYPE I,        " 100円
16     COIN050   TYPE I,        " 50円
17     COIN010   TYPE I,        " 10円
18     COIN005   TYPE I,        " 5円
19     COIN001   TYPE I,        " 1円
20   END OF GREC_YEN.
21
22 *&---------------------------------------------------------------------*
23 *& 選択画面定義
24 *&---------------------------------------------------------------------*
25 PARAMETERS:
26   P_PCSAMT    TYPE I OBLIGATORY DEFAULT '224',       " 購入金額
27   P_INPAMT    TYPE I OBLIGATORY DEFAULT '500'.       " 投入金額
28
29 *&---------------------------------------------------------------------*
30 *& SELECTION SCREEN
31 *&---------------------------------------------------------------------*
32 AT SELECTION-SCREEN.
33
34   "購入金額 の指定は、999円までとする。
35   IF P_PCSAMT > 999.
36     " &1が999円を超えています
37     MESSAGE E075(ZXG001) WITH '購入金額'.
38   ENDIF.
39
40   "投入金額の指定は、999円までとする。
41   IF P_INPAMT > 999.
42     " &1が999円を超えています
43     MESSAGE E075(ZXG001) WITH '投入金額'.
44   ENDIF.
45
46   "投入金額 < 購入金額の場合、エラーとする
47   IF P_INPAMT < P_PCSAMT.
48     " 投入金額が不足しています
49     MESSAGE E076(ZXG001).
50   ENDIF.
51
52 *&---------------------------------------------------------------------*
53 *& START-OF-SELECTION.
54 *&---------------------------------------------------------------------*
55 START-OF-SELECTION.
56
57 * 計算処理
58   PERFORM FRM_CALC_PROC.
59
```

図2　ABAPコーディングの例②

```
60  *&---------------------------------------------------------------------*
61  *& END-OF-SELECTION
62  *&---------------------------------------------------------------------*
63  END-OF-SELECTION.
64
65  * 処理結果出力
66    PERFORM FRM_OUTPUT_LIST.
67
68  *&---------------------------------------------------------------------*
69  *& Form FRM_CALC_PROC
70  *&---------------------------------------------------------------------*
71  *& 計算処理
72  *&---------------------------------------------------------------------*
73  FORM FRM_CALC_PROC .
74
75  * 金額編集用項目
76  DATA: LWK_EDITAMT   TYPE I ,
77        LWK_RESULT    TYPE P DECIMALS 3.
78
79  * 編集用項目 = 投入金額 - 購入金額
80    LWK_EDITAMT = P_INPAMT - P_PCSAMT.
81
82  * 500円硬貨の計算
83     LWK_RESULT = LWK_EDITAMT / 500 .
84     GREC_YEN-COIN500 = TRUNC( LWK_RESULT ).
85     LWK_EDITAMT = LWK_EDITAMT - ( GREC_YEN-COIN500 * 500 ).
86
87  * 100円硬貨の計算
88     LWK_RESULT = LWK_EDITAMT / 100 .
89     GREC_YEN-COIN100 = TRUNC( LWK_RESULT ).
90     LWK_EDITAMT = LWK_EDITAMT - ( GREC_YEN-COIN100 * 100 ).
91
92  * 50円硬貨の計算
93     LWK_RESULT = LWK_EDITAMT / 50 .
94     GREC_YEN-COIN050 = TRUNC( LWK_RESULT ).
95     LWK_EDITAMT = LWK_EDITAMT - ( GREC_YEN-COIN050 * 50 ).
96
97  * 10円硬貨の計算
98     LWK_RESULT = LWK_EDITAMT / 10 .
99     GREC_YEN-COIN010 = TRUNC( LWK_RESULT ).
100    LWK_EDITAMT = LWK_EDITAMT - ( GREC_YEN-COIN010 * 10 ).
101
102 * 5円硬貨の計算
103    LWK_RESULT = LWK_EDITAMT / 5 .
104    GREC_YEN-COIN005 = TRUNC( LWK_RESULT ).
105    LWK_EDITAMT = LWK_EDITAMT - ( GREC_YEN-COIN005 * 5 ).
106
107 * 1円硬貨の計算
108    LWK_RESULT = LWK_EDITAMT / 1 .
109    GREC_YEN-COIN001 = TRUNC( LWK_RESULT ).
110    LWK_EDITAMT = LWK_EDITAMT - ( GREC_YEN-COIN001 * 001 ).
111
112
113 ENDFORM.
114 *&---------------------------------------------------------------------*
115 *& Form FRM_OUTPUT_LIST
116 *&---------------------------------------------------------------------*
117 *& 処理結果出力
```

図3 ABAPコーディングの例③

```
118  *&---------------------------------------------------------------------*
119  FORM FRM_OUTPUT_LIST .
120
121  * お釣り編集用項目
122  DATA: LWK_EDITAMT    TYPE  I.
123
124  * 編集用項目 = 投入金額 - 購入金額
125    LWK_EDITAMT = P_INPAMT - P_PCSAMT.
126
127  * 実行条件&釣銭額
128    WRITE: /001(020) '■実行条件&釣銭額'.
129  * 購入金額
130    WRITE: /003(011) '購入金額 = '.
131    WRITE:  014(003) P_PCSAMT.
132    WRITE:  018(003) 'JPY'.
133  * 投入金額
134    WRITE: /003(011) '投入金額 = '.
135    WRITE:  014(003) P_INPAMT.
136    WRITE:  018(003) 'JPY'.
137  * お釣り
138    WRITE: /003(011) 'お釣り   = '.
139    WRITE:  014(003) LWK_EDITAMT.
140    WRITE:  018(003) 'JPY'.
141
142    SKIP.
143
144  * 釣銭硬貨内訳
145    WRITE: /001(020) '■釣銭硬貨内訳'.
146  * 500円硬貨
147    WRITE: /003(008) '500円 = '.
148    WRITE:  011(003) GREC_YEN-COIN500.
149    WRITE:  016(002) '枚'.
150  * 100円硬貨
151    WRITE: /003(008) '100円 = '.
152    WRITE:  011(003) GREC_YEN-COIN100.
153    WRITE:  016(002) '枚'.
154  * 50円硬貨
155    WRITE: /003(008) ' 50円 = '.
156    WRITE:  011(003) GREC_YEN-COIN050.
157    WRITE:  016(002) '枚'.
158  * 10円硬貨
159    WRITE: /003(008) ' 10円 = '.
160    WRITE:  011(003) GREC_YEN-COIN010.
161    WRITE:  016(002) '枚'.
162  * 5円硬貨
163    WRITE: /003(008) '  5円 = '.
164    WRITE:  011(003) GREC_YEN-COIN005.
165    WRITE:  016(002) '枚'.
166  * 1円硬貨
167    WRITE: /003(008) '  1円 = '.
168    WRITE:  011(003) GREC_YEN-COIN001.
169    WRITE:  016(002) '枚'.
170
171
172  ENDFORM.
```

サンプルプログラムの実行

例として、選択画面で購入金額に224、投入金額に500を入力して、実行を行います(図4)。

図4　サンプルプログラムの実行

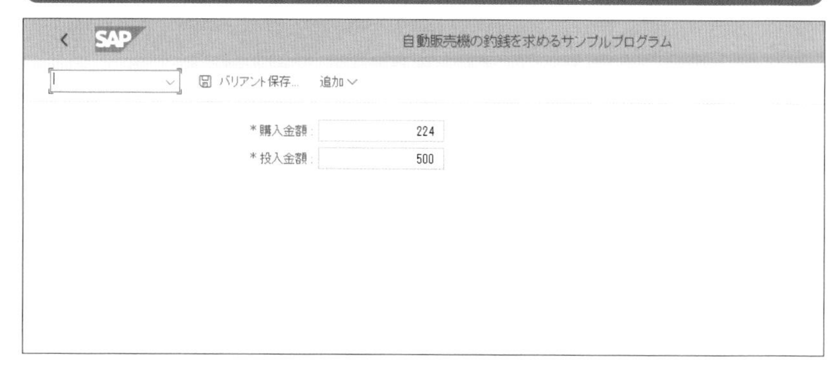

サンプルプログラムの実行結果

実行結果は、「投入金額500－購入金額224」でお釣りは276となります。お釣り276を硬貨別に枚数表示すると、図5のような振り分けになります。

図5　サンプルプログラムの実行結果

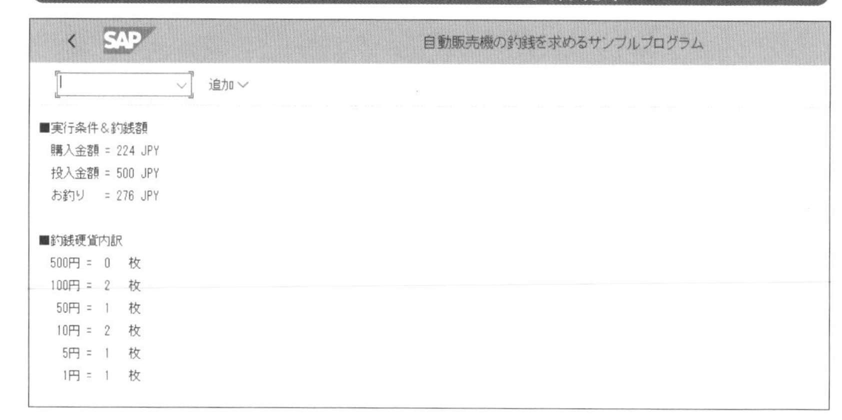

第5章 社会のインフラの仕組みを知っておこう

第5章では、社会のインフラの仕組みとして、会社や銀行の役割、消費税の仕組みについて学びます。これらは、ERPシステムの仕事に関係する場合に、土台となる基礎知識です。

会社組織とは①
儲けることと納税義務

ワンポイント

- 儲けること
- 納税義務がある

儲けること

会社の目的は、社会の一員として存在し、**社会の役に立つこと**です(図1)。世の中に存在しない新しい製品や、その会社でしか作れないモノを提供することで必要とされる会社になっていきます。 新しい雇用を創出し、社員にやりがいのある仕事を提供する場でもあります。

図1　会社の組織とは(儲けること、納税義務)

・会社は社会の一員
・雇用創出
・自己実現の場の提供
・継続して存在すること
・そのために儲けること、キャッシュを増やしていくこと
・儲けの一部を税金として納税する義務も背負ってる

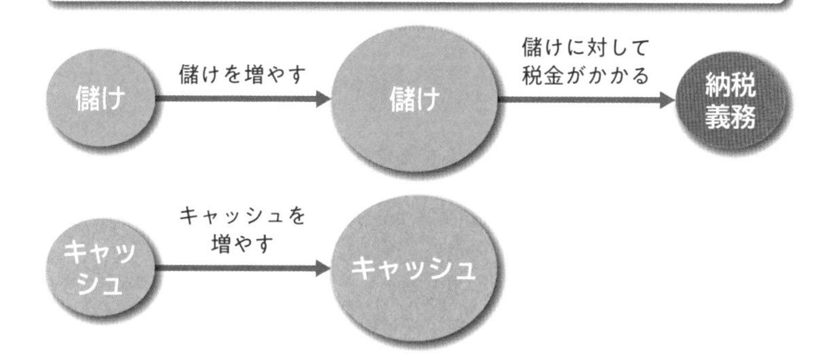

また、会社は倒産することなく、継続して存在し続けることが求められ、そのためには**儲けること**が必要です。同時にキャッシュを増やしていく必要があります。キャッシュが足りないと、儲かっていても、支払いなどができずに倒産することもあるからです。

一般的に**損益計算書**[*]と言われる**財務諸表**を作成して儲けを計算します。右側に売上、左側に原価・費用を集計します。儲けは、売上－原価・費用で計算できます。儲けのことを一般的に**利益**と言います。

売上は、商品や製品、サービスなどの販売金額の合計です。一方の原価・費用は、商品の仕入費用や製品の製造費用、社員の給料、家賃などです。

例えば、売上が100円、原価・費用が80円の場合、儲けは、「100円－80円」で計算した20円となります。つまり、100円の売上で20円儲かっていることを表しています(図2)。

図2　儲けの計算方法(財務諸表/損益計算書)

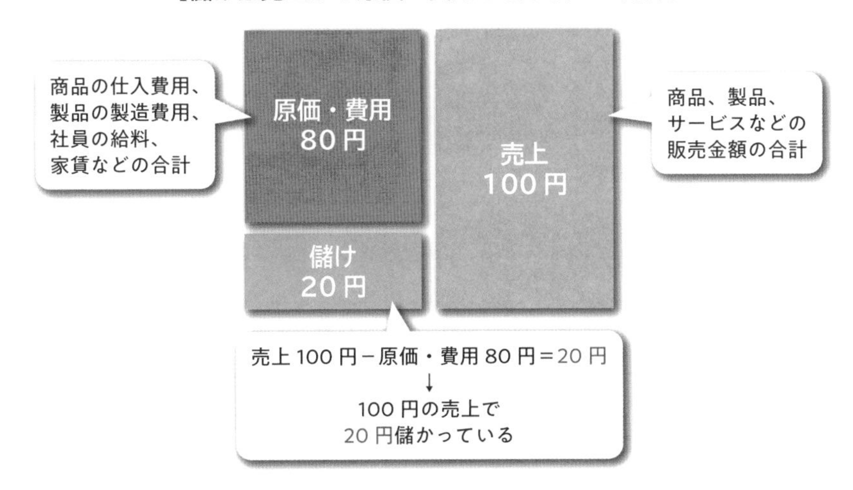

では、儲けを増やすためにはどのような方法があるのでしょうか。1つが売上を伸ばすこと、もう1つが原価・費用を下げることです(図3)。

売上を伸ばす方法は、例えば、商品をたくさん売る、単価を上げる、販

＊ **損益計算書**……財務諸表の1つで、P/Lとも言う。

売地域を増やす、新製品や新商品を投入することなどで売上を伸ばしていきます。

一方の原価·費用を下げる方法は、例えば、原料や材料の見直し、人件費、家賃、電気代などの見直しをすることで原価・費用を下げていきます。

ただ、実際には、ライバル会社とのシェア争いや市場の成熟度合い、景気動向などの影響も出てくることから、儲けを増やすことは難しいのが現実です。

ここは経営者の腕の見せ所で、経営者が大事だと思っている経営指標や市場の動向などを見ながら、会社経営のかじ取りを行っていくことになります。

図3 儲けの増やし方

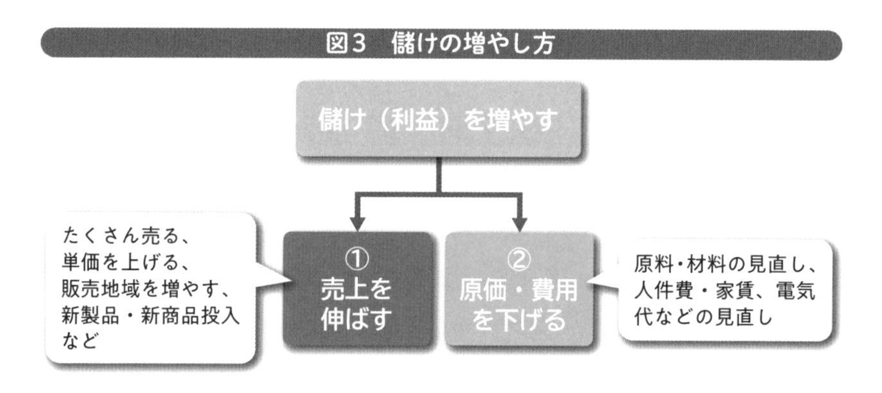

納税義務

儲けに対して、会社には**法人税**や**法人住民税**、**事業税**といった税金がかかる仕組みになっています。つまり、会社は**納税義務**を背負っています。年に1回、1年間の営業活動から発生した取引を集計して、決算という作業を行います。

この決算で計算した儲け、つまり利益*に対して、会社の大きさや利益の額によって率は異なりますが、約15%～23%ほどの法人税がかかります。

＊ **利益**……厳密には、税法上認められる益金と損金をプラスマイナスして計算した課税所得のこと。

2 会社組織とは② キャッシュを増やすこと

ワンポイント

● キャッシュを増やすこと

キャッシュを増やすこと

キャッシュの増え方を考えてみましょう。会社は、資本金を元手に、原材料を調達してそれを使って製品を作り、販売して代金を回収するという循環の中でキャッシュを増やします。増えたキャッシュを使って、新たな生産活動に投資していきます。本業から、いかにキャッシュが増えたかどうかで会社の資金力を判断できます(図1)。

図1　キャッシュの増え方を考えてみよう

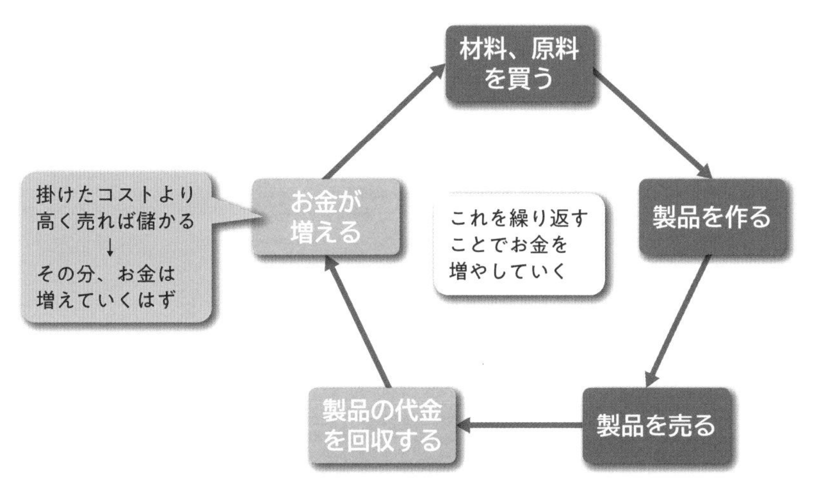

また、急成長会社では、販売した代金の債権（売掛金）が増えたり、製品の生産に必要な原材料などの調達のためにキャッシュが必要となり、一時的にキャッシュが不足する場合があります。

不足するキャッシュは、銀行から借入れするなどして増やします。しかし、これは財務活動によるキャッシュの増加ということになりますので、後で銀行へ返済が必要になります。この辺の資金繰りの仕事を経理部門や財務部門で行っています。

もう少し、キャッシュが増える理由とキャッシュが減る理由を整理しておきましょう。

商品をたくさん販売し、その代金を早く回収することでキャッシュが増えていきます。商品を販売しただけでは、キャッシュは増えません。そのため、この販売代金の回収までの仕事を営業部門の責任とする会社が多いです（図2）。

図2　キャッシュを増やす具体的な方法の例

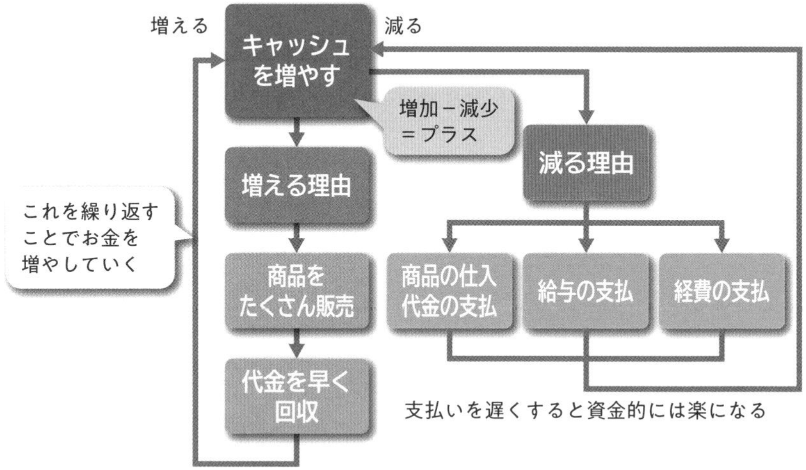

一方のキャッシュが減る理由として、例えば、商品の仕入代金の支払いや、社員の給与の支払い、経費の支払いなどがあります。商品の仕入代金の支払いを遅くすると資金的には楽になります。

製造業を営む会社の支払条件は、商品の販売やサービスを提供した後、3ヶ月後、4ヶ月後、5ヶ月後といったケースが多いです。これは製造業の場合、製品の生産に多くの時間が必要なためです。

また、社員の給与や経費の支払いは、売上や入金に関係なく支出されますので、ある意味、先にキャッシュが出ていきますので、余裕をもってキャッシュを持っておく必要があります。

コラム　いつでも、どこからでも

クラウドを利用して「いつでも、どこからでも」情報やデータを得ることができる時代になりました。知りたい時に知りたい情報が得られるということは、リアルタイム経営を実現するためにとても重要なことです。経営者自身も自らERPシステムにアクセスすることで、最新の情報やデータを元に、事実に基づいた意思決定が行えるようになりました。

3 会社の仕組み

ワンポイント

- 人、お金、モノ、情報、そしてプロセスが必要
- プロセスを部門ごとに分担

人、お金、モノ、情報、そしてプロセスが必要

会社の構成要素は、人、お金、モノ、情報と言われています。そして、これらを実際に仕事に結び付けるための仕組み(**プロセス**)が必要です(図1)。

図1　会社の構成要素と会社の仕組み

会社の構成要素

人　モノ　金　情報

プラス仕組みが必要(プロセス)

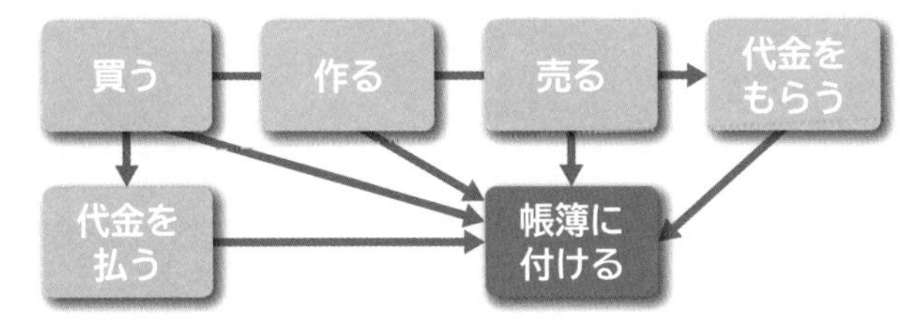

例えば、モノを作っている会社では、次のようなプロセスがあります。

- モノを買う
- 買ったモノの代金を支払う

- モノを作る
- 作ったモノを売る
- 販売代金をもらう
- 会計帳簿につける

　プロセスは、サービスごとや商品ごとに異なっている場合があります。このプロセスのデザインや管理の仕方が重要になってきました。

プロセスを部門ごとに分担

　会社組織を考えて見ましょう。必要な原材料や部品を買う仕事を購買部門が行っています。そして買った原材料や部品を受入れ、倉庫などの保管場所で管理します。在庫管理部門がこの仕事を行っています(図2)。

　買った原材料や部品を元に、製造部門(生産部門)で製品を製造します。できあがった製品を倉庫などの保管場所に入れて管理します。これも在庫管理部門が行います。

図2　会社の部門の例

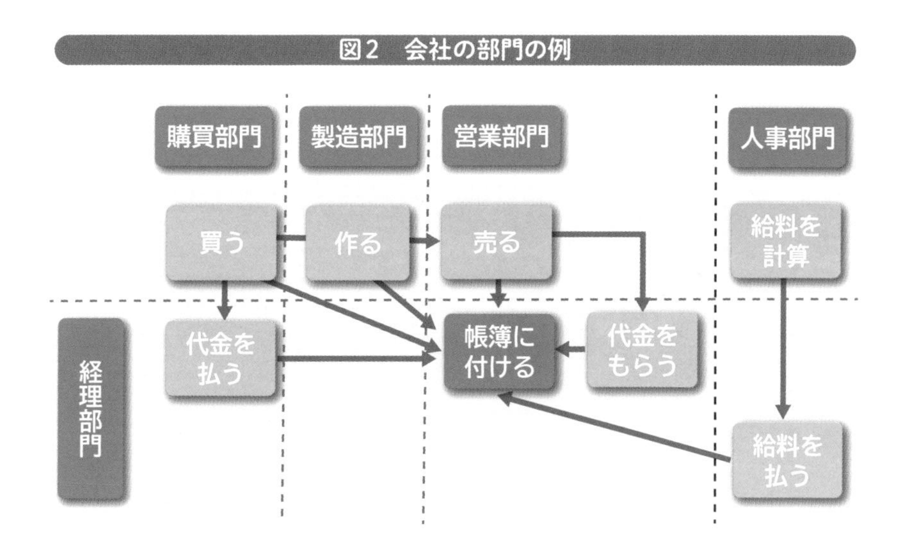

製品の販売は、営業部門で行います。受注するまでの活動や受注・出荷・請求などの仕事を行います。買った原材料や部品の代金の支払いや、売った代金の入金処理の仕事を経理部門で行います。

また、経理部門では、これらの取引を会計伝票として帳簿につけて管理し、毎年、決算処理を行い、儲けの計算をします。

このほか、人事部門では、毎月、社員の給与計算を行い、社員に給料を支払います。このように会社に必要なプロセスを、各部門ごとに担当しています。

4 会社の中の要素と外の人たちの関係

ワンポイント

- 会社のまわりには様々な関係者が存在
- 株式上場すると株主構成が変わる

会社のまわりには様々な関係者が存在

会社の構成要素は、人、お金、モノ、情報ということでした。そして、これらを実際に仕事に結び付けるための仕組み（プロセス）が必要で、各プロセスを購買部門の人、生産部門の人、販売部門の人、経理部門の人、人事部門の人などが担当していました。

さらに会社には、図1のような関係者がいます。

図1　会社を取り巻く関係者

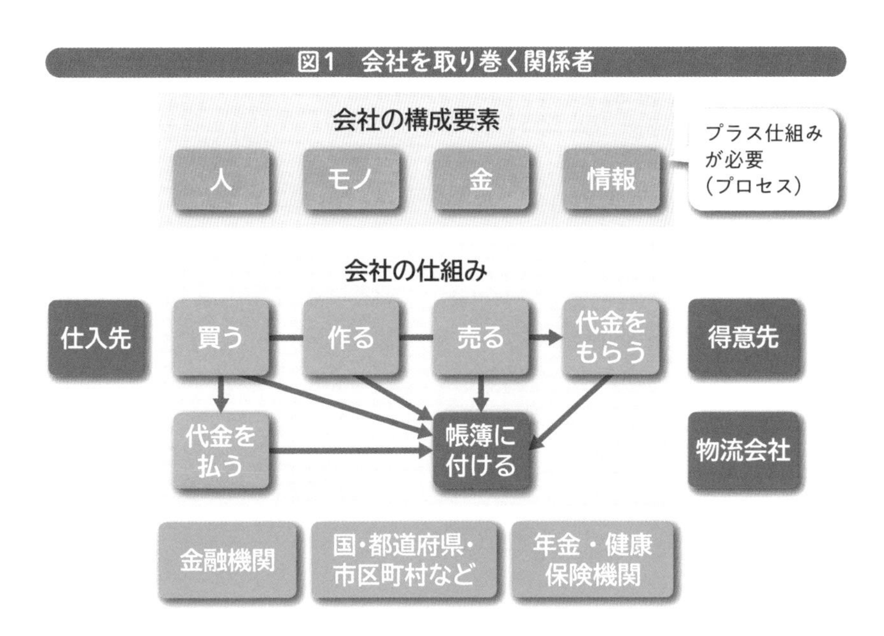

モノを買う先の仕入先、モノを販売する先の得意先、モノを運んでくれる**物流会社**、お金の出し入れ先の**金融機関**、税金、福祉関係の**国・都道府県・市区町村**、年金・健康保険に携わる**年金事務所**や**健康保険組合**などがあります。

株式上場すると株主構成が変わる

証券取引所に上場する前は、自社の株主は、オーナー社長をはじめ、限られた人たちで構成されているケースが多いですが、上場すると自社の株を証券取引所で売買できるようになり、不特定多数の人が株主になります。その意味でMy CompanyからOur Companyへと会社の株主構成が変わることになります。

上場後の変化としては、お金の調達方法が増えます。会社が上場することで、従来、銀行中心だったお金の調達方法のほかに、株式市場を通して自社の社債やCP*などの発行などが可能になります。 社債は、償還期間が長いですが、CPは、1年以内とか1ヶ月といった、短期の借入れをする場合に利用することが多いです。銀行から借りるよりも安い金利で発行できます。

また、上場することで会社の信用度や知名度が高まります。多くの新卒者が入社を希望する会社は、上場しているかどうかで選択している傾向があると言われています。

そのほか、新たに会社間で取引をする場合、与信チェックを行いますが、この与信チェックも通りやすいとも言われています。株式を上場すると証券取引所のルールに合わせて、3ヶ月ごとに**短信**、半期、年次に**有価証券報告書**として、会社の経営状態や経営成績の開示をしなければなりません。さらに株主への配当など業務量が増える傾向にあります。

このような課題に対応していくために、ERPパッケージを導入している会社が多くあります。特に日本のほか、海外の取引所にも上場している場合は、その証券取引所のルールに基づいて、かつ、その国の通貨で財務諸表を公表する必要があります。

---

* **CP**……Commercial Paper の略。短期の資金調達方法の1つ。

日本では、2022年４月に東京証券取引所の市場区分に変更があり、プライム、スタンダード、グロースといった市場区分になっています(図2)。以前は、東証１部、２部、ジャスダック、マザーズなどがありました。そのほか、日本以外の国にある証券取引所、例えば、アメリカの証券取引所やナスダックに上場する場合もあります。

図2　東京証券取引所の例

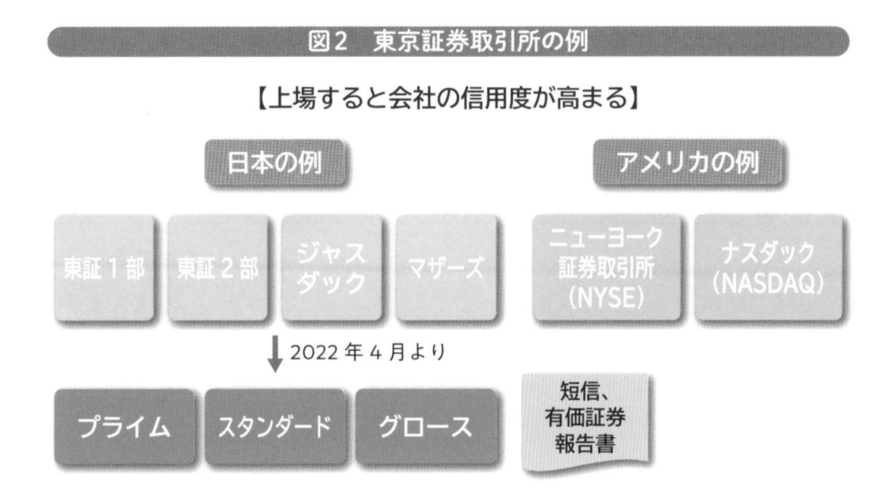

5 銀行の役割

ワンポイント

- 入金・支払口座としての役割
- お金を預かる、貸す役割

入金・支払口座としての役割

銀行を代表とする金融機関は、入金・支払口座としての役割を持っています(図1)。

得意先や仕入先と取引をする場合、お金のやり取りは一般的に銀行を通して行います。ですから、会社を作った場合は、まず、銀行にお願いして口座を開設します。この開設した口座番号を請求書に記載して、得意先に知らせ、この口座に販売代金などを振込んでもらいます。一方、モノを作るために仕入先から購入した原材料の代金などを支払う場合にも、この銀行口座から仕入先に代金を振込んで支払います。

図1　入金・支払口座としての役割①

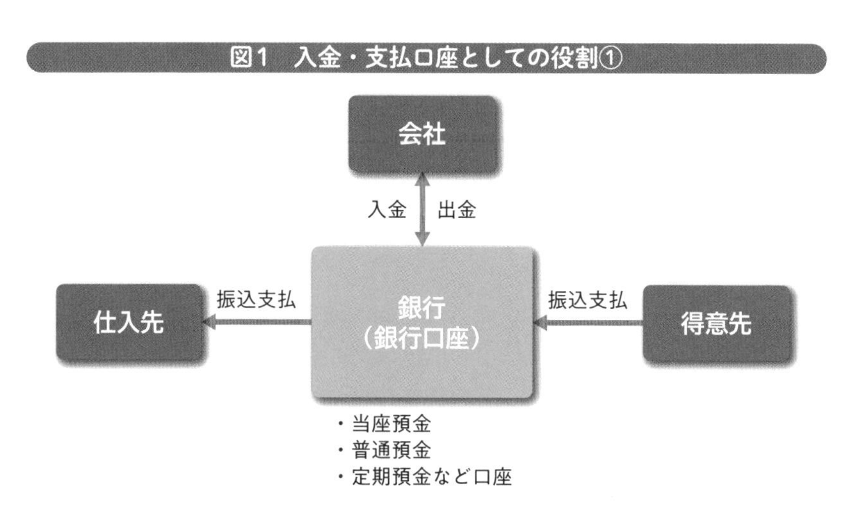

このように、銀行は、会社と得意先や仕入先の間に入ってお金のやり取りをお手伝いする役割を担っています。銀行口座には、当座預金、普通預金、定期預金などがあります。通貨も円のほか、ドルなど様々なものがあります。

銀行とやり取りをする方法として、日本では、入金データを銀行からcsvファイルなどでもらい、ERPシステムに取込むことができます。同様に、お金を振込支払する場合も、ERPシステムから決められたフォーマット(**全銀フォーマット**)でファイル(**FBデータ***ファイル)を出力し、これを銀行のシステムに繋げて振込することができます(図2)。

図2　入金・支払口座としての役割②

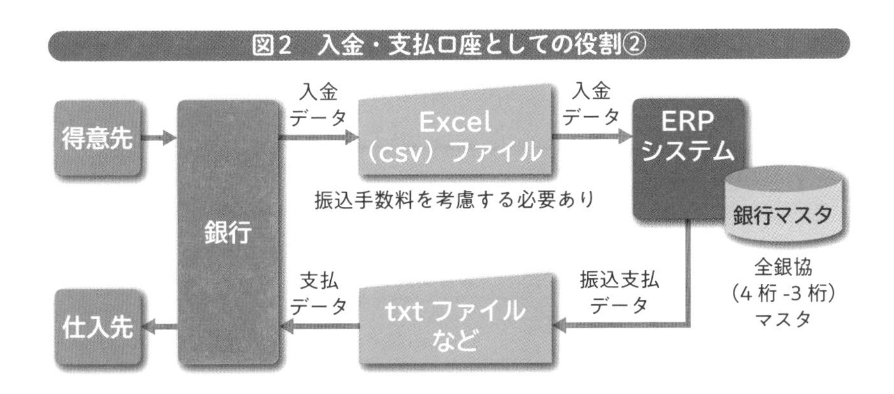

ただし、入金時、支払時に振込手数料が差し引かれる場合があり、コンピュータ上で入金の仕組みや支払データを作る際に手数料のルール設定などが必要です。最近は、銀行ごとに手数料の金額が異なってきています。日本では、銀行を含む金融機関に背番号として**全銀協コード***(金融機関4桁、支店3桁)が付番されています。ERPシステムでは、これをマスタ登録して使用します。

海外に送金する場合は、別途、海外送金用のフォーマットが用意されています。また、銀行から振込元の会社を特定するための10桁の会社コードが発番されます。これを振込FBデータの中の指定された項目にセットする必要があります。

＊**FBデータ**……銀行を経由して得意先や仕入先にお金を送金する場合に作成するデータのこと。FBは、Firm Bankingの略。

＊**全銀協コード**……全国銀行協会（全銀協）内の金融機関共同コード管理委員会が制定する金融機関に付与された金融機関4桁、支店3桁のコード。

お金を預かる、貸す役割

銀行はお金を預かり、そして貸す役割を持っています。会社や一般の個人が預金したものを預かる役割もありますが、お金を貸し出す役割も担っています。顧客から預かった預金や手元資金などを元に、一般の会社にお金を貸し出します。

お金を貸し出す際には、利息の支払いを求めます(図3)。

近年、日本では、銀行および支店の統合が行われています。また、ネット銀行と呼ばれる実店舗を持たない銀行もあります。

図3　お金を預かる、貸す役割

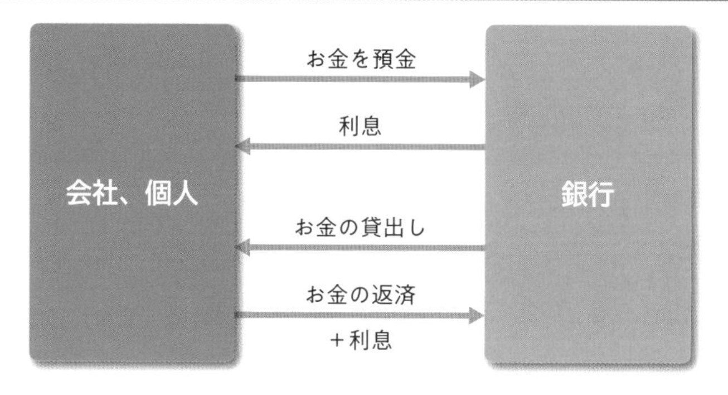

6 消費税の仕組み

ワンポイント

- 預かる消費税と仮払いする消費税がある
- その差額を納税する

消費税の仕組み

消費税は、商品の販売やサービスの提供、物やサービスの購入などの取引にかかる税金です。日本では現在10％(一部8％)ですが、ケースによっては消費税がかからないものもあります。

会社では、販売時に預かった消費税(**仮受消費税**)と購入時に支払った消費税(**仮払消費税**)の差し引き金額を税務署に納税します。

例題を使って説明します(図1)。メーカーがスーパーに税込み1,100円(税率10％)で商品を販売しました。仕入れたスーパーでは、それを、税込み3,300円(税率10％)で消費者に販売しました、という例です。なお、小数点以下の端数は、切り上げ、切捨て、四捨五入のいずれかを選択することができます。

メーカーでは1,100円のうちの100円を消費税として税務署に納税します。スーパーでは、消費者に3,300円で販売しましたので、これに含まれる消費税300円(仮受消費税)から、メーカーから商品を仕入れた時にONされていた消費税100円を控除した200円を消費税として税務署に納税します。税務署には、メーカーからの100円と、スーパーからの200円のそれぞれが消費税として入ってきます。

消費者は、この300円を負担したことになります。

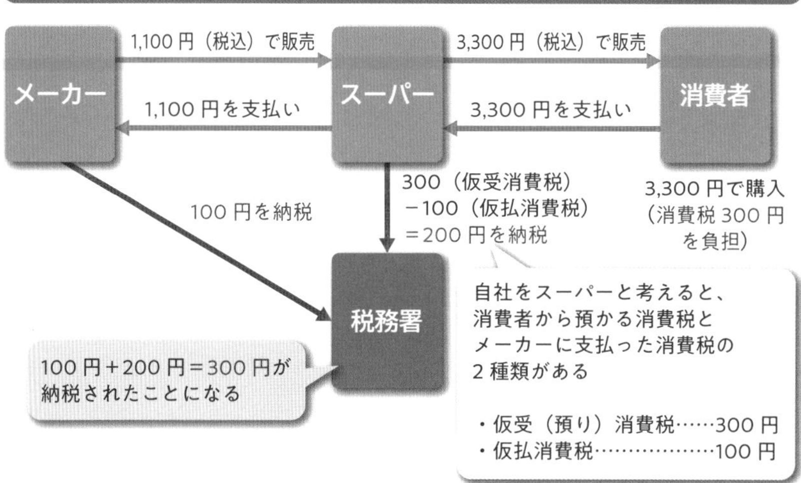
図1　消費税の納税の仕組み
メーカー
1,100円（税込）で販売
1,100円を支払い
スーパー
3,300円（税込）で販売
3,300円を支払い
消費者
3,300円で購入（消費税300円を負担）
100円を納税
300（仮受消費税）−100（仮払消費税）＝200円を納税
税務署
100円＋200円＝300円が納税されたことになる
自社をスーパーと考えると、消費者から預かる消費税とメーカーに支払った消費税の2種類がある
・仮受（預り）消費税……300円
・仮払消費税………………100円

第6章

会社の基本となる業務を理解しよう

第6章では、会社の基本となる業務について学びます。まずは、会社全体の仕事の仕組みがどうなっているのか、そして、購買・在庫業務の仕組み、生産（製造）業務の仕組み、工事・建築業務の仕組み、販売業務の仕組み、給与・賞与計算業務の仕組み、会計業務の仕組みについて学びます。

1 会社全体の仕事の仕組み

ワンポイント

- 会社全体の業務の仕組みを知っておこう
- 主な業務プロセスについて理解しよう
- 取引の仕組みについて理解しよう

会社全体の業務の仕組み

会社全体の業務には、**購買管理業務**、**生産管理業務**、**在庫管理業務**、**販売管理業務**、**人事管理業務**、**会計管理業務**などがあります。各業務はプロセスを通じて繋がっています。

主な業務プロセス

製造業を営む会社では、生産担当者などからの購買発注依頼に基づいて、購買管理担当者が仕入先へ発注を行います。仕入先から納品された原材料や部品の受入れをします。それを在庫管理担当者が保管場所に入庫し、在庫品として保管します。経理担当者は、購入した原材料や部品の代金を、銀行を通して振込支払をします(図1)。

生産管理担当者

販売動向や需要予測などに基づいて**生産計画**を立てます。そして、その生産計画に従って、事前に在庫として準備した原材料や部品を保管場所から出庫し、製品を製造します。できあがった製品は、保管場所に入庫します。

在庫管理担当者

日々の原材料や製品などの入出庫処理のほかに、定期的にコンピュータ上の在庫数と倉庫上の実在庫をチェックします。これを**棚卸処理**(たなおろし)と言います。

図1　会社全体の仕組み（製造業の例）

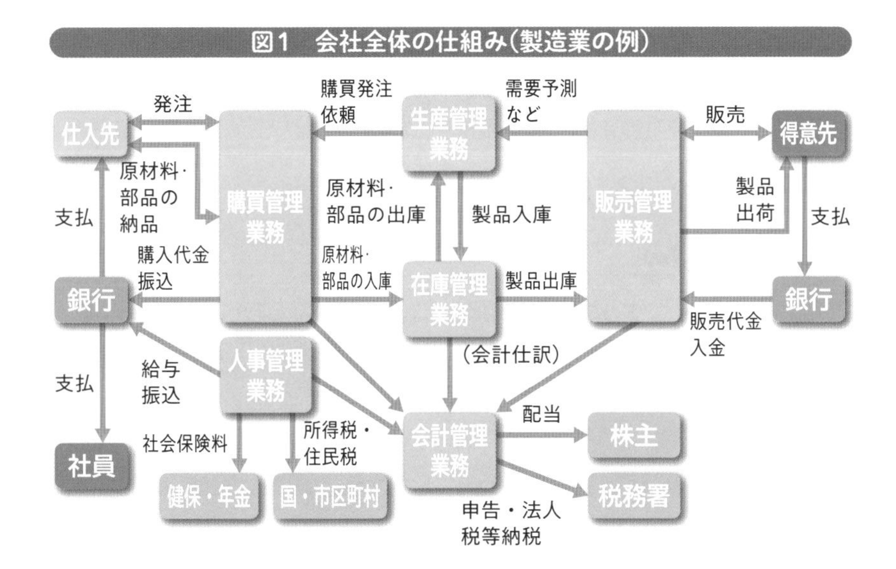

販売担当者

得意先からの依頼に基づいて**見積り**を行います。得意先から受注ができたら、在庫管理担当者に依頼して、製品や商品などを保管場所から出庫し、得意先に出荷します。さらに販売代金の**請求書**を作成して得意先に販売代金を請求します。経理担当者は、銀行などを通して回収した販売代金の入金処理を行います。

人事担当者

毎月の**給与計算**や年数回の賞与計算処理などを行います。給与や賞与の支払いは、人事担当者または経理担当者が銀行などを通して社員の口座に振込支払をします。社員から預かった**健康保険料**や**厚生年金**、**雇用保険料**などを協会けんぽ、健康保険組合、労働局などに支払いします。また、同様に社員から預かった**所得税**、**住民税**を国や市区町村などに支払します。

経理担当者

購買管理業務や生産管理業務、在庫管理業務、販売管理業務、人事・給与管理業務で発生した取引を、会計仕訳*にして、**会計処理**を行います。必

＊**会計仕訳**……日付、借方、貸方の勘定科目と金額を明確にして仕訳すること。

要な場面で、会社が儲かっているかどうかを財務諸表を作成して把握します。

また、毎年、**決算時**に**決算書**を作成して、株主などの外部へ財政状態や経営成績を公表します。そして株主に対して配当を行います。税務署に**決算申告**・法人税などの納税を行います。

取引の仕組み

会社間で発生する**取引**の仕組みについても覚えておきましょう。

取引とは、会社と会社の約束のことです。例えば、A社を販売者、B社を購入者として考えてみましょう(図2)。

図2　取引の仕組み

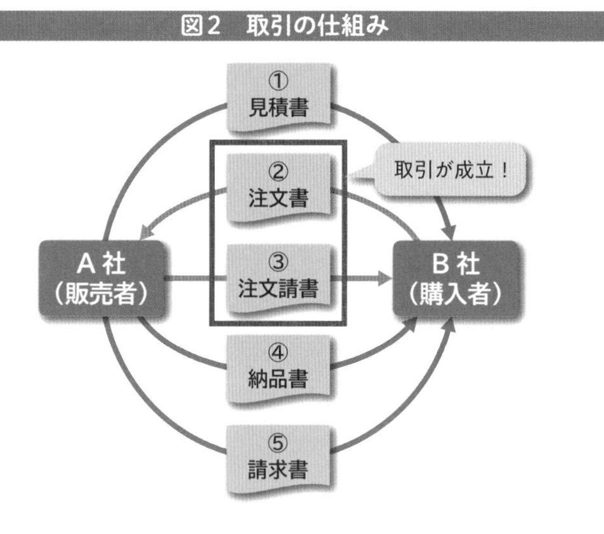

● 取引①

A社は、B社からの見積り依頼によりB社に見積書を発行します。見積書には見積有効期限を記載します。

B社では、A社以外にも見積りをお願いして相見積りをします。B社が複数の見積書を検討した結果、A社から購入することを決めたとします。

● 取引②

このA社に決めた時、B社はA社に対して注文書を発行して注文します。

取引③

Ａ社は、「注文を確かに受けました」という証としてＢ社に注文請書を発行します。この注文書と、注文請書のやり取りを行うことで取引が成立します。このことにより、Ａ社とＢ社には次のような会社間の権利と義務が生じることになります。

- Ａ社：Ｂ社に商品を納品する義務が発生
- Ｂ社：Ａ社から商品を購入する権利を持つことになる

取引④

その後、Ａ社からＢ社に対して商品が届けられます。この時、納品書というものも一緒に送ります。

取引⑤

Ｂ社が納品を了承したら、Ａ社からＢ社に請求書を発行します。Ｂ社は、請求書を受取り、自社の支払条件に基づいてＡ社に購入代金を支払います。これが会社間の取引の仕組みです。**見積書**、**注文書**、**注文請書**、**納品書**、**請求書**という言葉は、よく出てきますので覚えておきましょう。表にまとめたものを掲載します（表1）。

表1 取引に使用される書類の一覧

NO.	伝票の例	伝票の内容	関係する日付など
①	見積書	Ａ社がＢ社の依頼に基づいて発行した書類	見積日、見積番号
			有効期限日
②	注文書	Ｂ社がＡ社に「注文します」という証の書類	発注日
			発注番号
③	注文請書	Ａ社がＢ社に「確かに注文を受けました」という証の書類	受注日
			受注番号
④	納品書	Ａ社がＢ社に商品と一緒に送付する。納品したという証の書類（業界によっては検収書として送付する場合がある）	納品日、出荷日、納品番号
⑤	請求書	Ａ社がＢ社に販売代金を請求する書類	請求日、請求番号

2 購買・在庫業務の仕組み

ワンポイント

- 購買・在庫業務の概要を知っておこう
- 購買・在庫業務のプロセスについて理解しよう

購買・在庫業務の概要

購買・在庫業務は、ユーザーの求めに応じて、必要なモノを外部から調達する業務です。

まずユーザーからの依頼に基づいて、仕入先に対して見積りを依頼したり、契約・発注などを行います。次に納品になった品物のチェックや保管場所での在庫管理も行います。さらに仕入先から請求書を受取り、発注書や納品書などとのチェックを行います。最後に、請求に基づいて、経理部門などが仕入先に対して購入代金を支払います。

この一連の仕事が購買・在庫業務です。また、年に数回、在庫の現物確認のために棚卸処理を行います。

購買・在庫プロセス

必要なモノを必要な都度、発注する場合の業務プロセスを見ていきましょう。一般的に購買プロセスは、見積依頼→発注→入庫→請求書照合→支払いになります(図1)。

モノを作っている会社の現場では、モノを作るために必要な材料や部品などの購入のため購買部門に購買依頼をします。

購買部門では、それらを取りまとめ、仕入先に対して見積りを依頼します。

下記のポイントが購買業務処理の中で大事になります。

- 複数仕入先に依頼して相見積りすること
- 定期的に仕入先と価格交渉するなどの見直しを図ること
- 支払条件など当社の条件に合わせて発注すること

仕入先から入手した見積書を比較・検討し、仕入先を選定します。

選定した仕入先と契約し、発注品目と数量、金額、納期を提示して発注します。その時に注文書を発行し、仕入先から注文請書をもらいます。

発注した品物が納品になったら、発注した品物かどうか、発注した通りの数量分届いたかどうか、キズがないかどうかを確認し、キズなどがある場合は、その分を仕入先に返品します。それ以外のモノを保管場所や倉庫に入れて管理します。その後、必要に応じて保管場所や倉庫からモノを取り出し使用します。また、納期などの関係から発注したモノが分割されて、複数回にわかれて納品される場合があります。このような場合は、発注伝票単位で発注残の管理を行います。

図1 購買・在庫管理業務プロセス(必要なモノを必要な都度発注)

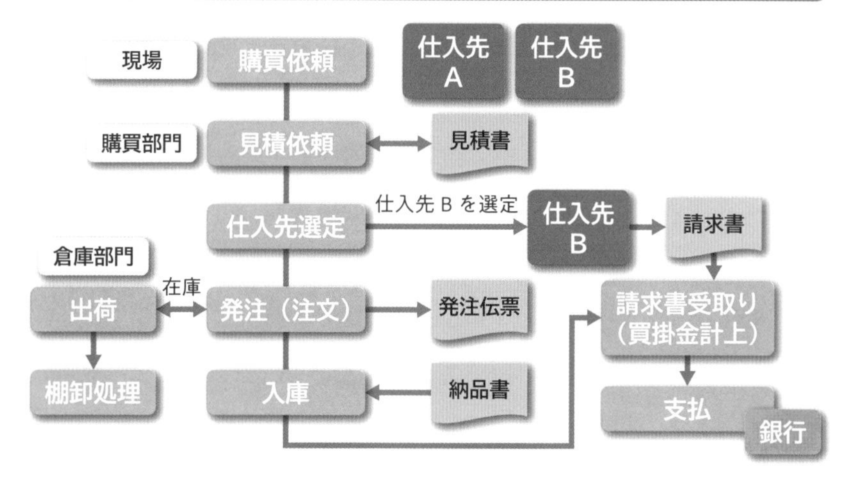

仕入先から請求書が来たら、それを受取り、請求書に間違いがないかどうかを発注書や納品書とチェックして確認します。問題なければ、買掛金の計上を行います。

その後、当社の支払条件に基づいて、仕入先に購入代金を、銀行を通して支払いします。

また、定期的に棚卸処理を行い、保管場所や倉庫に残っている品物がコンピュータ上の帳簿数量と合っているかどうかを確認します。コンピュータ上の数字に過不足がある場合は、原因を調べて、コンピュータ上の帳簿数量を実際の在庫数量に修正します。

3 生産（製造）業務の仕組み

ワンポイント

- 生産(製造)業務の概要を知っておこう
- 生産(製造)業務のプロセスについて理解しよう

生産（製造）業務の概要

生産(製造)管理業務は、素材や部品、製品など様々なモノを作っている会社で行われている業務のことです(図1)。

「いつ頃、何を、どれぐらい作るか」といった生産計画や、実際にモノを作る工場の製造工程などを管理する業務です。購買・在庫管理業務と密接に関係します。

図1　生産(製造)管理業務プロセス

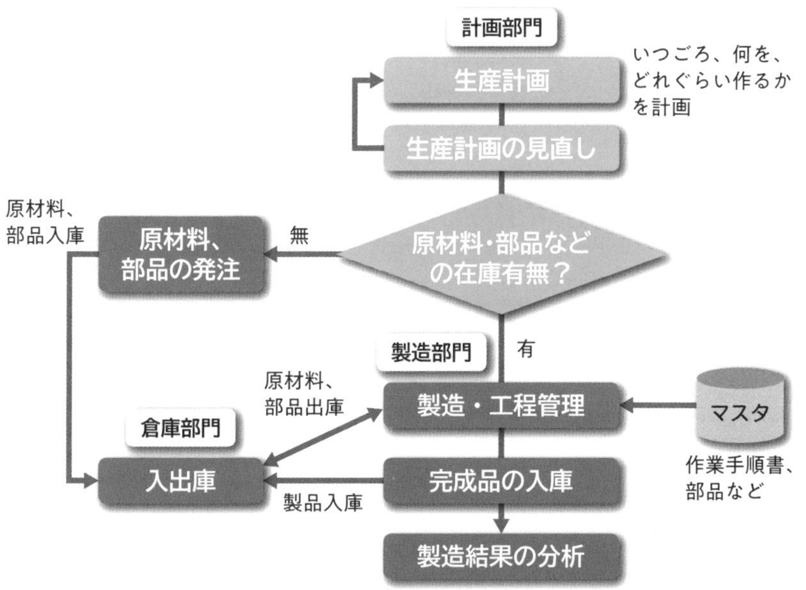

計画部門
生産計画
いつごろ、何を、どれぐらい作るかを計画
生産計画の見直し
原材料・部品などの在庫有無？
無
原材料、部品の発注
原材料、部品入庫
有
製造部門
製造・工程管理
マスタ
作業手順書、部品など
原材料、部品出庫
倉庫部門
入出庫
完成品の入庫
製品入庫
製造結果の分析

例えば、ある製品を作るために必要な原材料が、在庫としてなかったら、それを事前に仕入先に発注し、工場で製品を作る時までに、工場の保管場所や倉庫に用意しておく必要があります。実際に製品を作る場合は、その作業手順書や、必要とする原材料の構成や数量などをマスタとして持っておきます。そして、その作業手順書に沿って、製品を製造し、できあがった製品を保管場所や倉庫に入庫します。

できあがった製品のコストはいくらかかったか、予想していたコスト通りだったのか、そうでなかったのか、その差異を分析して、次回製品を作る時の作り方や、原材料の見直しなどに役立てます。この辺の業務は、経理業務とも密接に関係しています。

生産（製造）業務のプロセス

SAPの生産管理モジュール*を例に、具体的な生産プロセスを見ていきましょう(図2)。

図2　生産(製造)管理業務プロセス(SAPのPPモジュールの例)

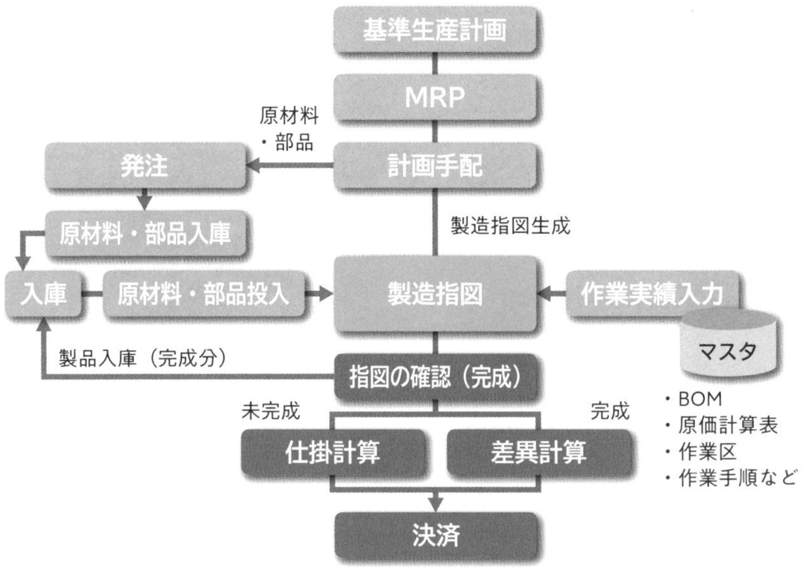

基準生産計画
MRP
原材料
・部品
計画手配
発注
原材料・部品入庫
製造指図生成
入庫
原材料・部品投入
製造指図
作業実績入力
マスタ
製品入庫（完成分）
指図の確認（完成）
未完成
完成
仕掛計算
差異計算
・BOM
・原価計算表
・作業区
・作業手順など
決済

＊**生産管理モジュール**……SAPでは「PPモジュール」と言う。

SAPの生産管理モジュールには、生産計画と生産管理の機能があります。生産計画では、需要予測などに基づいて、生産計画シナリオを登録します。生産計画シナリオに基づいて**MRP***を実行し、ある製品を作るために必要な原材料の必要数量を計算し、在庫が不足していれば不足分を補充発注します。

生産計画は、年次→月次→旬次→日次と回しながら精度を高めていきます。

また、生産計画の立案およびMRPを実行するにあたっては、工場の能力を加味する必要があります。計画手配から自動生成された**製造指図**を元に対象の製品の製造を開始します。

製造工程に原材料や、部品を投入します。製造作業が完了したら、製造工程の中で消費した原材料の消費実績数を製造指図に転記します。

BOM*上の原材料数量をそのまま投入した場合は、**バックフラッシュ機能***を使って製造指図に消費数量および材料費を自動的に計上させます。また、作業実績時間の入力、または、作業実績時間の自動計測を行い、労務費を製造指図に計上します。

労務費の時間単価は活動タイプ*などを使用してマスタ上にあらかじめ登録しておきます。

間接費は直接費に連動させ、製品の完成時に計上します。

製品が完成したら完成品を製品在庫として受入れします。月末時点で完成している製造指図は、**差異計算**を行い、標準と実際との数量差異や価格差異などを計算します。この差異を分析することで、原価の見直し、製造工程などの「改善」に繋げます。

未完成の製造指図は、**仕掛計算***を行います。その後決済し、管理会計(CO)などにデータを連携していきます。

製品の原価は、基本的に**標準原価***を使用します。製品の原価を企画し、企画した原価を品目マスタ上に標準原価として設定します。SAPでは、原

---

* **MRP**……Material Requirements Planningの略。資材所要量計画。
* **BOM**……Bill of Materialsの略。部品表。
* **バックフラッシュ機能**……製造指図に原材料などを個別に入力するのではなく、BOMなどに登録済みの消費数量などをそのまま、まとめて投入済みにしてくれる機能のこと。
* **活動タイプ**……作業時間などの時間単価を登録する場合に使用する。
* **仕掛計算**……月末や期末日時点で未完成の製造指図上に計上された費用を仕掛分として計算する。
* **標準原価**……製品をこれぐらいの原価で作ると考えて設定した原価のこと。

価の積み上げ機能が用意されていて、これを使用して半期や年度ごとのサイクルで改訂して運用します。

生産管理に関係するマスタとしては、品目マスタのほか、製品の部品構成を登録しておくBOMや、原価の構成を定義する原価計算表、作業区、作業手順(またはマスタレシピ)などが必要になります。

工事・建築業務の仕組み

ワンポイント

- 工事・建築の業務概要を知っておこう
- 工事・建築の業務プロセスについて理解しよう

工事・建築の業務概要

工事・建築業務とは、道路やビル、マンション、戸建てなどのビジネスを行っている会社で行われている業務のことです。設計、作図、積算、施行、工事、建設、修繕、補修などの業務があります。

システム開発などを行っているSIerなどでも同じような業務が行われています。1つの工事やビルの建設などに対して、スケジュール管理、WBSごとの工程管理や進捗管理、案件ごとの収支管理、特に対実行予算との消化状況管理などがあります。**プロジェクト**や**JOB***といった受注案件(受注金額)ごとの管理が必要で、その中に、使用した原材料や外注費、人件費、経費などを計上して収支管理を行います。また、協力会社の要員手配も含めた要員管理も重要な仕事になっています(表1)。

表1 工事・建築業務概要

業務	管理内容
業務管理	・設計、作図、積算 ・施工、工事、建設 ・修繕、補修
スケジュール管理	・工程管理(WBS) ・進捗管理(プロジェクト、JOB管理)
収支管理、要員管理	・対実行予算 ・社員、協力会社要員

* **JOB**……工事や建設ビジネスでは、案件のことをJOBと言う場合がある。

工事・建築の業務プロセス

例えば、道路の工事を例に見てみましょう。1つが設計プロセスです。図面の作成や、積算、原価試算書の作成などの仕事があります。そして、それらにかかったコスト、具体的には原材料や外注費、人件費、経費などを計上します(図1)。

人件費は毎日の作業日報などに各プロジェクトやJOBごとに消費した時間を記載して、この時間に単価をかけて、各プロジェクトやJOBに人件費を計上します。これらの人件費は労務費とも言います。

設計の仕事が完了すると、本工事作業に入ります。まず、実行予算書を作成します。これを元に予算と実績の管理を行っていきます。

図1　工事・建築理業務プロセス

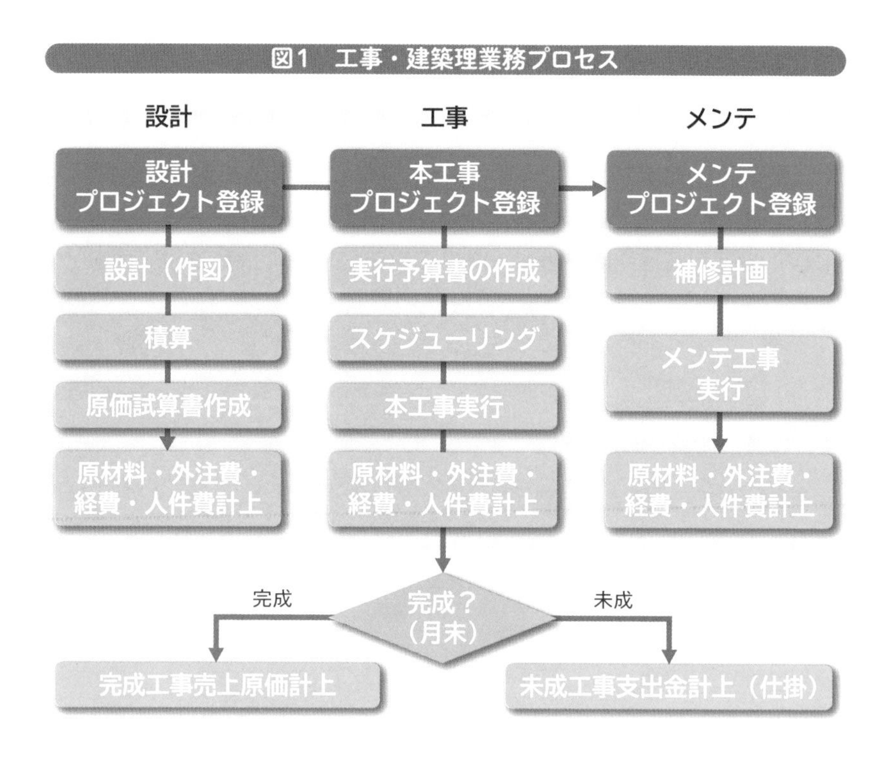

次にスケジューリングを行います。できあがったスケジュールに基づいて進捗管理を行っていきます。かかったコストの原材料や外注費、人件費、

経費などを計上します。人件費は、設計プロセスと同様に、毎日の作業日報などに各プロジェクトやJOBごとに消費した時間を記載して、この時間に単価をかけて各プロジェクトやJOBに計上します。

工事が完成し、お客様から検収を頂いたプロジェクトやJOBの総原価を、**完成工事売上原価**へ、完成していない分は**未成工事支出金**に振替えします。未成工事支出金は、仕掛品（しかかりひん）*のことです。

工事が完了した後にメンテナンス・プロセスがあります。補修計画などに基づいてメンテナンスの仕事を行っていきます。このほか、スポットでの修理工事も発生します。コストの原材料や外注費、人件費、経費などを計上します。人件費は、設計や本工事と同様に、毎日の作業日報などに各プロジェクトやJOBごとに消費した時間を記載して、この時間に単価をかけて各プロジェクトやJOBに計上します。

コラム クライアントについて

SAPでわかりにくい言葉の1つに「クライアント」があります。クライアントは、もともと顧客や依頼人、得意先といった意味で使われていますが、SAPでは2つの意味を持っています。1つが、クライアント・サーバー型システムのクライアントです。この場合のクライアントは、利用者(側)という意味で使われます。もう1つは、SAPにLogonする場合のLogon先としてのクライアントです。SAPでは1つのサーバー上に複数のクライアント(環境)を作って開発したり、検証したりします。

* **仕掛品**……工事や建設ビジネスでは、月末や期末日時点で、完成していないプロジェクトやJOBに計上済みの費用を仕掛品として扱う。

5 販売業務の仕組み

ワンポイント

- 販売業務の概要を知っておこう
- 販売業務のプロセスについて理解しよう
- 売上計上タイミングについて理解しよう

販売業務の概要

販売業務は、お客様を見つけて得意先になってもらう仕事や、お客様から注文を受ける仕事、その注文に沿ってモノやサービスを提供する仕事、そして、代金を回収する仕事などから構成されています。

販売業務のプロセス

販売管理業務の一般的なプロセスは、得意先などからの引き合い→見積書の作成→受注→出荷(納品)→請求書の作成(売掛・売上計上)→代金の回収です。

商品などのモノを販売している会社では、得意先からの見積依頼に基づいて、品名、数量、単価、納期、見積期限などを記載した見積書を発行します。見積書の内容で受注できた場合は、対象の商品の在庫引き当てを行い、約束した日までに、対象の商品などを納品します。商社などでは、受注と発注が紐付いて行われるケースや、受注した商品を仕入先から直接、得意先に納品する、いわゆる**直送**などのプロセスが必要になります。それと、納品した商品などに問題があって、返品を受けることもあります。

納品後、得意先の支払条件に合わせて、請求書を発行します。この時、売掛金を計上するとともに、売上も計上します。その後、得意先から販売代金を銀行などを経由して回収します。

もう1つ、販売管理業務として、マーケティング業務があります。セミナーやSNS、メール、電話、訪問活動などを通して、潜在顧客を見つけて、この中から自社の得意先へと結び付けていく活動のことです。また、アフターサービスを通して既存顧客との信頼関係を高めていきます（図1）。

図1　販売管理業務プロセス

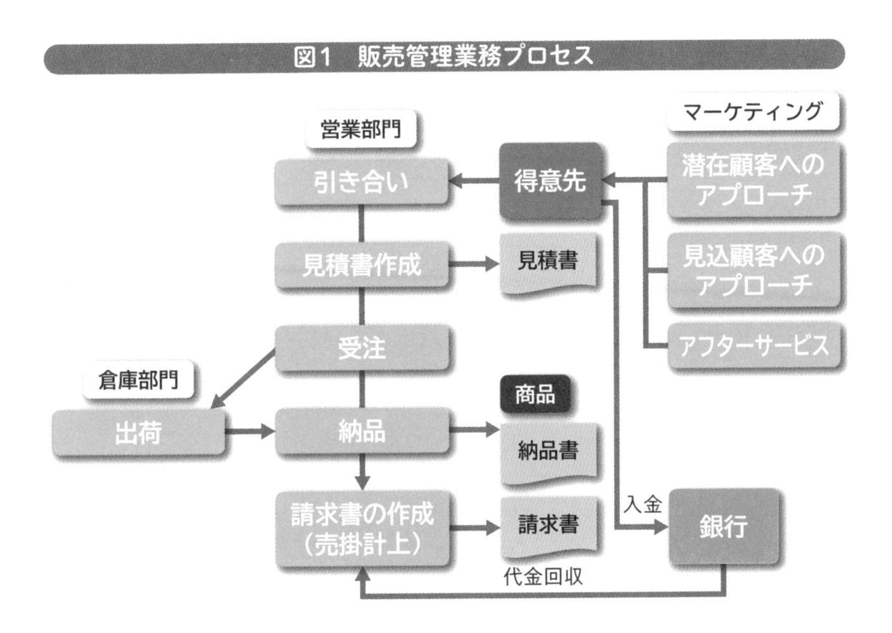

よく議論になる売上計上のタイミングについて考えてみましょう。売上は、いつ計上するのでしょうか。モノの販売を行っている多くの日本の会社では、**出荷基準**を採用していると言われています。自社の倉庫からモノの出荷を完了した時点で売上を計上するやり方です。

納品基準は、モノが相手に届いたことを確認してから、請求書の発行と一緒に売上を計上するやり方です。昔は、納品書に得意先から受領印をもらって、それを元に請求書を作成し、売上を計上していました。この方法を採用している会社は少なくなったように思います。

また、工事などの請負ビジネスでは、**検収基準**を採用している場合が多いです。得意先から検収書をもらってから、請求書を発行し売上を計上します。

SAPなどのERPパッケージでは、出荷の時点で、貸方（かしかた）*に売上原価/借方（かりかた）*に商品の仕訳が自動仕訳されます。そして、請求書の作成というオペレーションを行うと、借方に売掛金/貸方に売上と仮受消費税の仕訳が自動仕訳される仕組みになっています。そのため、もし出荷基準で売上を計上する場合は、出荷処理と請求書を連続して行うことになります。

なお、国際会計基準では、納品基準、検収基準が求められています（図2）。

図2　売上計上のタイミング

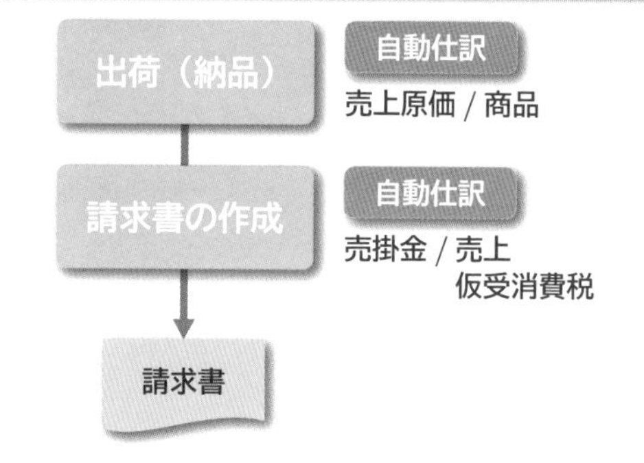

＊ **借方**……会計伝票上の仕訳に関係するもので、左側を借方と呼ぶ。
＊ **貸方**……会計伝票上の仕訳に関係するもので、右側を貸方と呼ぶ。

人事管理業務の仕組み

ワンポイント

- 人事管理業務の概要を知っておこう
- 給与・賞与計算業務のプロセスについて理解しよう

人事管理業務の概要

人事管理業務について見ていきましょう。人事管理業務の中には、例えば、毎月の給与計算や年２回の賞与計算処理などのほかに、募集・入社・退職、昇進・昇給などの人事評価、研修、異動、キャリアパスの計画・管理、資格管理、健康保険、厚生年金、雇用保険、労災保険などの、いわゆる社会保険対応など多岐に渡ります。

人事管理業務を理解するためには、会社に備えている、規定、例えば、就業規則や賃金規程など、会社の仕組みを定義したドキュメントがありますので、これらを元に勉強するのも良いでしょう。

給与・賞与計算業務のプロセス

皆さんの毎月の給与の計算プロセスについて考えてみたいと思います(図1)。

給与

人事部門では、例えば、給与が月末締め翌月15日払いの会社であれば、1日から月末までの勤務報告書を社員から集めて残業時間などを集計し、残業代の計算をします。役職手当や住宅手当、通勤手当、住民税などの毎月同じ金額は前月の給与マスタなどからコピーしてきます。また、有休、欠勤、遅刻早退などの勤怠(きんたい)届を元に、有休の残高計算や給与から控除する金額を計算します。

● 経費

交通費や会議費など、皆さんが立替えて支払った経費分を含めて支払っている会社の場合は、**立替経費**のデータも集める必要があります。このあたりは、領収書などの管理の問題も含めて電子化の方向に進んでいます。

● 所得税

上記のデータが揃ったら、所得税を計算します。定期代などは、非課税対象支給項目なので、所得税の計算時に含めません。

● 健康保険料、厚生年金保険料

健康保険料、厚生年金保険料は、**標準報酬月額表**から求めます。雇用保険料は、給与の金額に率をかけて計算します。経理部門では、月末に借方・給料/貸方・未払金の会計仕訳を行います。

図1　毎月の給与計算業務の仕組み①

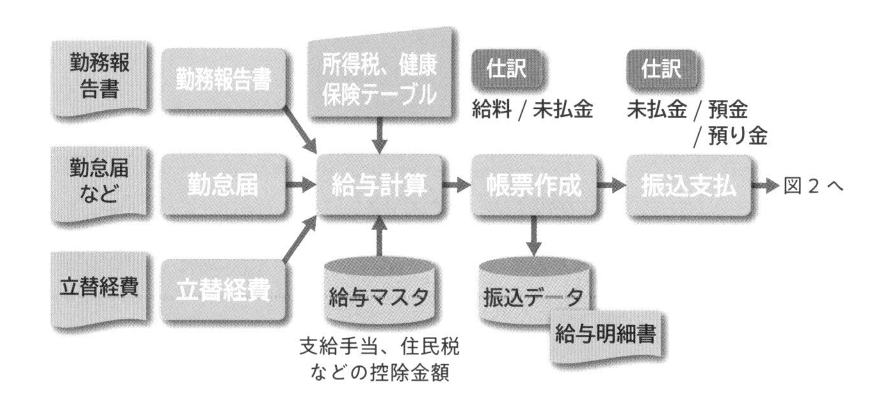

この例では、翌月の15日に、皆さんの銀行口座に振込支払いします。給与の振込データを作成し、銀行経由で社員に振込します。この時、所得税、住民税、健康保険料、厚生年金、雇用保険料などの社会保険料を会社が預かり、差し引いた手取り分を振込します。

経理部門では、借方・未払金/貸方・預金、所得税、住民税、社会保険料などの預り金の会計仕訳を行います。

預かった所得税を税務署へ、住民税を各市区町村へ、健康保険料を健康保険組合・協会けんぽへ、厚生年金保険料を年金事務所へ、雇用保険料をハローワーク(労働局)へ銀行を経由して振込支払いします。会計伝票として、借方・預り金/貸方・預金の仕訳を行います。

賞与の場合も給与と同様の流れですが、元データが賞与の評価データに変わります。そして、賞与支給日に皆さんの銀行口座に振込支払いをしますが、給与と同じように税金や社会保険料を差し引き、手取り分を振込支払いします。

また、年末(12月)に**年末調整**計算を行います。皆さんの1年間(1月〜12月)の給与や賞与の総額を元に、所得税などの計算をし直し、毎月預かった所得税の合計との差額を皆さんに還付または徴収します(図2)。

図2 毎月の給与計算業務の仕組み②

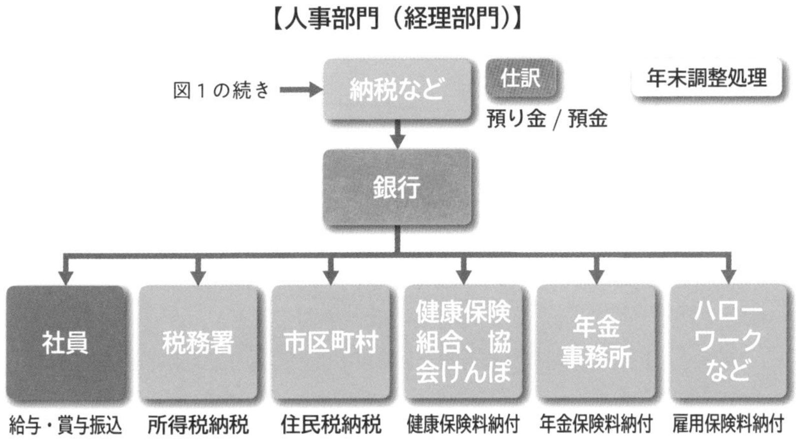

7 会計業務の仕組み

ワンポイント

- 会計業務の概要を知っておこう
- 会計業務のプロセスについて理解しよう

会計業務の概要

会計業務には、会計取引の管理、帳簿管理、銀行の通帳の管理、入金・支払処理、資金管理(借入・預金など)、**売掛金管理**、**買掛金管理**、**固定資産管理**、法人税、事業税、消費税などの納税、決算処理、財務諸表の作成、予算管理、経営層への報告および外部への情報開示などがあります。

会計業務を理解するためには、例えば、会社の経理規程などを元に勉強するのも良いでしょう。

会計業務のプロセス

ここでは、日々の会計取引から月次の財務諸表を作成するまでのプロセスを見てみましょう(図1)。

まずロジの販売管理プロセスから得意先への請求に基づいて、借方・売掛金/貸方・売上の仕訳が自動仕訳で入ってきます。

また、ロジの購買管理プロセスより、仕入先からの請求書に基づいて、借方・仕入(商品)/貸方・買掛金の仕訳が入ってきます。

それと日々の銀行の通帳の取引データを銀行から受取り自動仕訳します。また、社員からなどの立替経費の領収書などから未払計上を行います。

最近では、電子化の流れでワークフローを使って経費のデータを取込んでいる会社も多くなってきました。例えば、SAPではConcurというアプリが利用できます。

また、毎月の給与計算結果を会計仕訳として取込みます。そして、それ以外の経理で管理している会計仕訳を、振替伝票などを使って登録します。

これらの処理は、翌月の月初の3営業日から5営業日ごろまでに行い、前月の会計取引を締めます。例えば、SAPでは、前月の会計伝票を入力できないように前月の会計期間をCloseします。

この後、月次の試算表などの会計帳簿類を作成して、残高などに異常値がないかどうかをチェックします。問題なければ財務諸表を作成して利益を確認し、結果をトップに報告します。

なお、株式上場している会社では、四半期に短信、半期・年次に有価証券報告書を作成して外部へ開示するプロセスがあります。これが日々の会計取引から財務諸表を作成するまでのプロセス例ということになります。

図1　日々の会計取引から月次の財務諸表を作成するまでのプロセス例

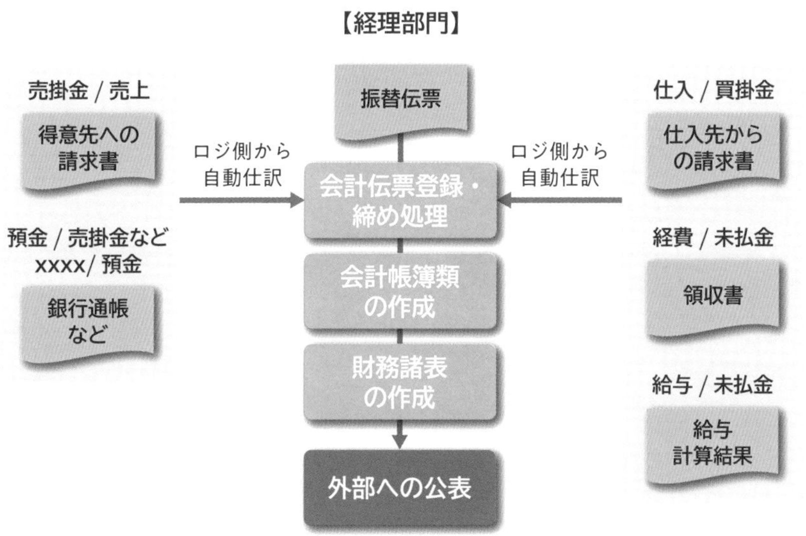

ここで、会計管理業務に対応するSAPのS/4HANAの機能について少し説明いたします。

S/4HANAでは、**財務会計**機能と**管理会計**機能が用意されています(表1)。

財務会計では、総勘定元帳管理、売掛金管理、買掛金管理、固定資産管理(償却資産税処理を含む)などが用意されています。管理会計では、主に原価管理、利益管理などが用意されています。

表1 SAPの会計管理業務に対応する主な機能

機能	管理内容
財務会計	・総勘定元帳管理 ・売掛金管理 ・買掛金管理 ・固定資産管理(償却資産税含)
管理会計	・原価管理 ・利益管理

第7章

ERPの運用に必要な業務知識を身に付けよう

第7章では、第6章の会社の基本となる業務知識を少し掘り下げて、ERPの運用に関する業務知識を身に付けていただきます。具体的には、会計帳簿の仕組み、ツケで売った代金の管理の仕組み、ツケで買った代金の管理の仕組み、在庫について学びます。

会計帳簿の仕組み

ワンポイント

- 補助簿と総勘定元帳の関係を知っておこう
- 総勘定元帳管理の仕組みを理解しよう

補助簿と総勘定元帳の関係

すべての会計取引は、勘定科目別に**総勘定元帳**に記帳して管理しています。借方、貸方とも勘定科目で会計伝票を起票する場合は、振替伝票などを使って記帳または、コンピュータに入力します。しかし、総勘定元帳は勘定科目別に管理する帳簿ですので、その内訳が知りたい時に不便です。

そこで実務では、図1のように、様々な**補助簿***が使われています。

図1　会計帳簿の仕組み

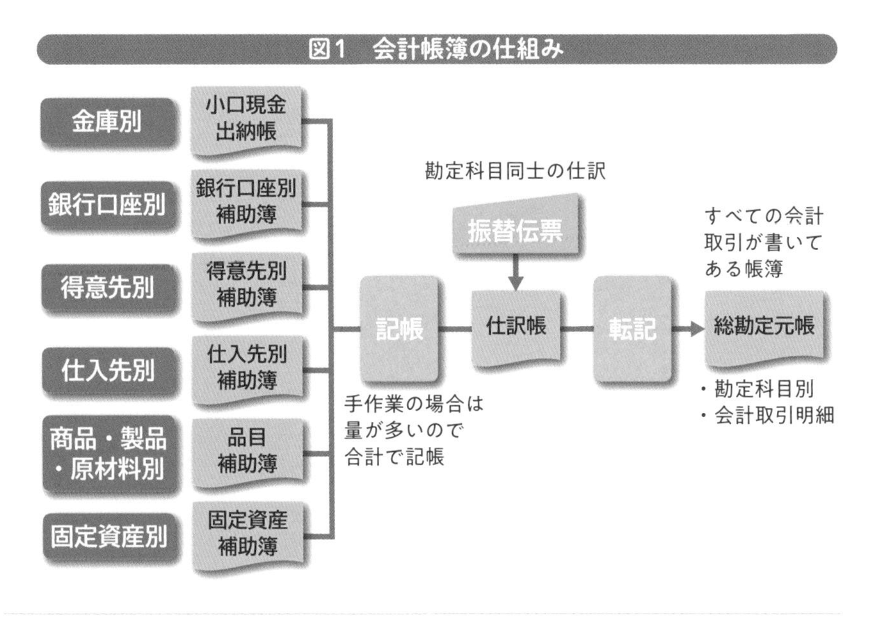

＊**補助簿**……補助元帳とも言う。総勘定元帳の内訳的な帳簿で、例えば、得意先補助簿、仕入先補助簿がある。

そして、手作業では、それぞれの補助簿から発生した会計取引を勘定科目別に集計して、合計仕訳で仕訳帳に記帳します。コンピュータを使っている場合は、発生元の伝票にたどれるよう、取引単位に仕訳して仕訳帳に記帳します。同時に総勘定元帳にも転記します。

例えば、手元で現金を管理している場合は、小口現金出納帳*を使って、日々、現金の現物と出納帳の残高を管理します。現金を保管している金庫別の帳簿とも言えます。

近年では、小口現金の管理が大変なため、特に残高が合わない時の調査に時間がかかることや盗難などのリスクがあるため、使わない会社が多いです。社員の立替払いや、銀行からの自動引き落とし、振込、デビットカード、クレジットカードを利用することで、現金を手元に持っておく必要がない仕組みに変えています。

会社では複数の銀行に口座を持っていることが多く、その口座の通帳単位に会計取引を管理しています。毎月末または決算時点の預金の残高と通帳の残高が合っていることを確認します。総勘定元帳上で、預金などの勘定科目残高の総額が各通帳の残高合計と合わない場合のチェックのためにも、銀行口座別の補助簿が必要です。

そのほか、得意先別の補助簿や、仕入先別の補助簿、商品・製品・原材料などの品目別の補助簿*、固定資産の取得や減価償却、除却・売却などの取引を管理する補助簿*などがあります。

総勘定元帳管理の仕組み

財務会計では、仕訳帳に集められた会計取引を元に総勘定元帳を作成して勘定科目別の残高を管理します(図2)。

総勘定元帳には、勘定科目別の明細と残高が書かれています。そして、総勘定元帳の記帳内容に間違いがないかどうかを確認するために試算表を作成して、現預金などの現物と帳簿上の残高のチェックや記入ミスがないかどうかを確認します。

正しい試算表が完成したら、それを元に月次決算、年次決算処理結果と

* **出納帳**……伝票は１枚に分かれるが、出納帳は、ノートのような帳面に１件ずつの会計取引を記帳するようになっている。

* **品目別の補助簿**……一般的に受払表、受払台帳と言う。

* **取引を管理する補助簿**……一般的に固定資産台帳と言う。

して、**貸借対照表***や**損益計算書**などの**財務諸表**を作成して財政状態および経営成績を確認します。

図2　総勘定元帳管理の仕組み

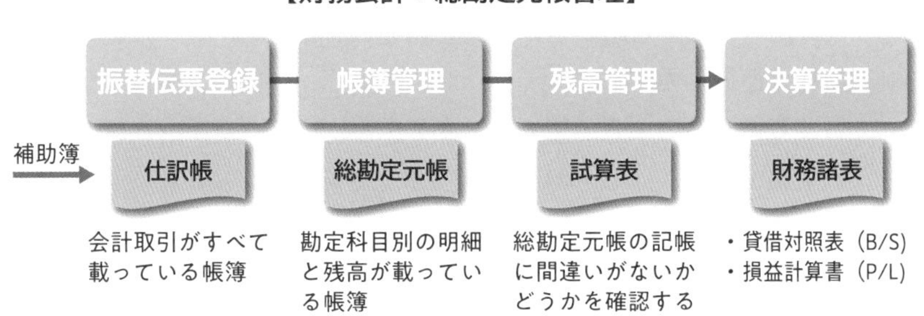

＊**貸借対照表**……財務諸表の１つで、B/S とも呼ばれる。その時点の財政状態を表すq

2 ツケで売った代金の管理の仕組み

ワンポイント

- 得意先別に債権残高を管理する
- いつ代金が入金になるか入金予定日別に管理をする

得意先別の債権残高管理

ツケで売った代金の管理のことを**売掛金管理**と言います。ツケの代金は、得意先に対して発行した請求書に基づいて計上し、得意先別の補助元帳や得意先未決済明細を使って管理します。その後、銀行から入金データを入手し、得意先より支払われた代金と請求書の金額をチェックして入金消込処理を行います。

金額が一致していれば問題ないですが、一致しない場合は、その原因を調べて処理する必要があります。よくあるケースとしては、得意先が振込手数料を差し引いて支払ってくる場合です。この差額は振込手数料で処理します。債権の残高管理は、得意先残高リストを使って管理します（図1）。

図1　得意先別補助簿管理

【入金データ】

債権計上処理
売掛金 / 売上など

債権
入金消込処理
預金 / 売掛金

債権残高管理

得意先別
補助元帳

得意先別
未決済明細

得意先別
残高リスト

仕訳ですが、債権の計上では、借方・売掛金/貸方・売上の仕訳を、債権の入金消込では、借方・預金/貸方・売掛金などの仕訳をします。

SAPの売掛金管理では、得意先別に未決済明細管理を行います。得意先に対する債権の計上および入金消込処理や、得意先別の明細や残高の照会機能が用意されています。売掛金のほか、前受金、未収入金、受取手形などの管理もできるようになっています。入金消込に関しては自動消込処理やAIを活用した入金消込処理もあります。

入金予定管理など

ツケの代金は、**入金予定表**や**エイジングリスト***を使って管理します。いつどれぐらい、ツケの代金が入金になるのかを事前に把握することで、資金繰りに役立ちます。入金予定表で入金予定日別にいくらお金が入って来るのか、またエイジングリストなどで、約束した月までに、まだもらっていないツケの代金を把握します。

そして、入金予定日を過ぎてもツケの代金を払っていただけない場合には、督促状を送付して催促します。上場している会社では、年に1回または2回、得意先の当社に対する買掛金残高と当社の売掛金残高が一致しているかどうかを確認します。この作業を監査法人などが代行して行うことがあります(図2)。

図2　入金予定管理など

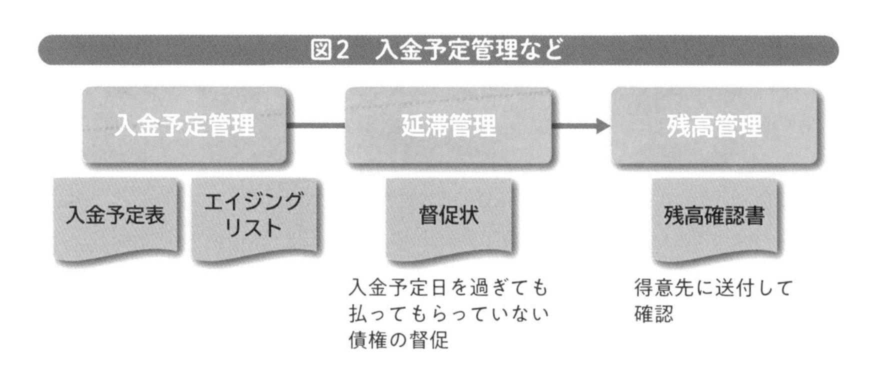

* **エイジングリスト**……売掛金年齢表のこと。

3 ツケで買った代金の管理の仕組み

ワンポイント

- 仕入先別の債務残高を管理する
- いつ代金を支払うのかを支払予定日別に管理をする

仕入先別の債務残高管理

ツケで買った代金の管理のことを**買掛金管理**と言います。ツケの代金は、仕入先からの請求書に基づいて計上します。その後、自社の支払条件に基づいて、仕入先別の補助元帳や仕入先別未決済明細を使い、仕入先に対して銀行を経由して振込支払を行います。また、債務の残高管理は、仕入先残高リストを使って管理します(図1)。

仕訳は、債務の計上では、借方・仕入など/貸方・買掛金の仕訳を、債務の支払消込では、借方・買掛金/貸方・預金などの仕訳をします。

SAPの買掛金管理では、仕入先別に未決済明細管理を行います。仕入先に対する債務の計上および支払消込処理や、仕入先別の明細や残高の照会機能が用意されています。買掛金のほか、前払金、未払金、支払手形などの管理もできるようになっています。

図1　仕入先別補助簿管理

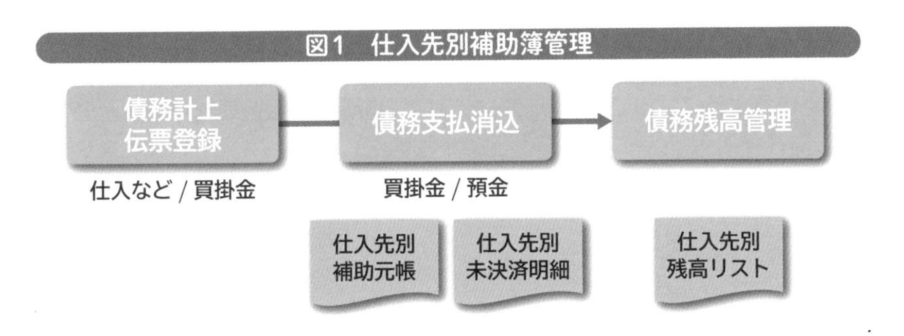

支払予定管理など

ツケの代金は、**支払予定表**や**エイジングリスト**を使って管理します。いつどれぐらい、ツケの代金の支払いが必要になるかを事前に把握することで、資金繰りに役立ちます。支払予定表で支払予定日別にいくらお金が必要なのか、また、エイジングリストなどで、月別に将来いくらお金が必要なのかを把握します。お金が足りない恐れがある場合は、銀行などから借入れして対応します。

また、支払方法ですが、振込支払の場合は、仕入先のどこの銀行のどの口座にいくら振込か、FBデータ*を作成して銀行に依頼します。FBデータのフォーマットは、日本では全銀協などが定めたものを元に銀行が用意しています。FBデータを使用せずに銀行の振込アプリを使って振込むこともできます(図2)。

図2　支払予定管理など

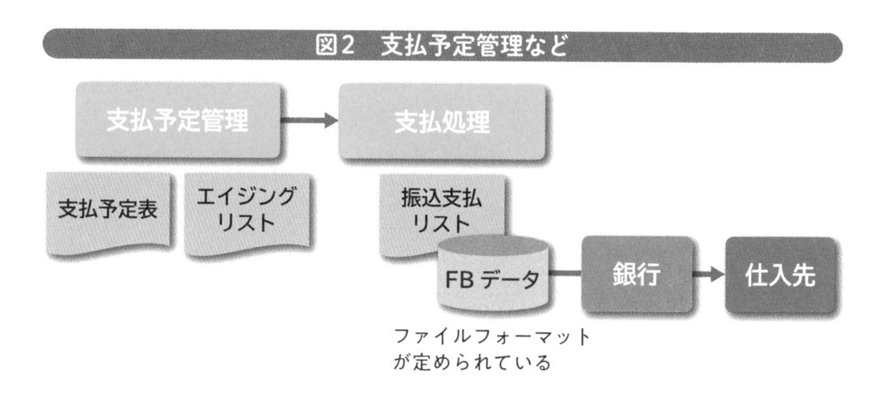

なお、SAPの支払処理は、自動支払プログラムを使って、支払対象データの抽出から振込支払リストの作成、FBデータの作成などの一連の処理ができるようになっています。もちろん、個別に支払処理をすることもできます。

＊**FB データ**……135 ページを参照。

在庫補充の仕組み

ワンポイント

- 在庫補充の考え方を知っておこう
- 倉庫間の在庫の移動方法について理解しよう

在庫補充の考え方

商品、製品、原材料、部品などの在庫品は、必要なモノを必要な**都度発注する方式**のほか、**定期発注方式**と**定量発注方式**があります。

定期発注方式

決まった発注間隔、例えば、毎週とか、毎月とか３ヶ月ごととかに発注する方式のことを言います。そのメリットとして、下記の点などが挙げられます。

- 適正在庫を保持できること
- 発注忘れが少ないこと
- 需要変動に対応が可能なこと

一方、デメリットですが、発注量を毎回決める手間がかかることです。例えば、単価が高いもの、季節変動がある商品などに採用します。

定量発注方式

在庫がある一定の量まで減ったら発注するやり方で、安全係数*などを使って安全在庫数を求め、それを下回ったら発注します。

メリットは、発注の手間が省けること、デメリットとしては、在庫が過剰在庫になっていないかチェックが必要だということです。例えば、単価が安いもの、季節変動などの影響が少ないものに採用します（表1）。

＊**安全係数**……欠品率の許容範囲を表す数値。

表1 在庫発注方式

ケース	定期発注方式	定量発注方式
発注トリガー	決まった間隔	在庫残数量がある時点まで下がったら
発注数量	毎回発注数量を計算	毎回決まった数量を発注
メリット	・適正在庫の保持 ・発注忘れが少ない ・需要変動対応が可能	発注の手間が省ける
デメリット	発注量を毎回決める手間がかかる	過剰在庫になっていないかチェックが必要
例	単価が高いもの、季節変動などがあるもの	単価が安いもの、季節変動などの影響が少ないもの

倉庫間の在庫の移動方法

倉庫間の在庫移動を行う場合は、次の2つの方法があります。

移動元で相手の移動先倉庫に出庫と同時に入庫させる方法(**ワンステップ**)と、物の移動に合わせて、移動元で出庫、移動先で到着した事実に基づいて入庫処理する方法(**ツーステップ**)の2つです。

ワンステップ

ワンステップは、倉庫間の在庫の入り繰りを補正する場合などで使います(図1)。

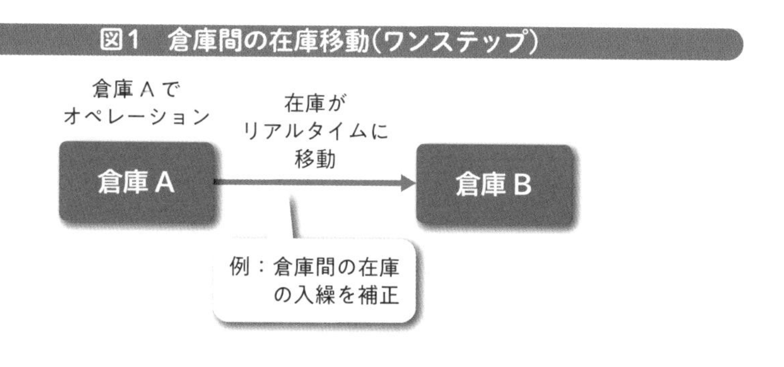

図1 倉庫間の在庫移動(ワンステップ)

オペレーションを行った時点で、移動元倉庫から移動先倉庫に在庫がリアルタイムで移動します。移動先倉庫の在庫が自動的に入庫されるので、移動先倉庫では在庫の入出庫状況とその理由を照会できる仕組みが必要になります。

このほか、ERPパッケージでは、MRPを回した時に、必要な倉庫に在庫が不足することが予想される場合、在庫移動オーダーを自動的に生成して、在庫を持っている倉庫から移動させることができます。

ツーステップ

ツーステップは､物の動きに合わせて在庫移動のオペレーションをします。移動元倉庫が送り状を作成し、物と一緒に移動先倉庫に出荷します(図2)。移動先倉庫では、入荷したら検品および数量チェックをして入庫処理を行います。

図2　倉庫間の在庫移動(ツーステップ)

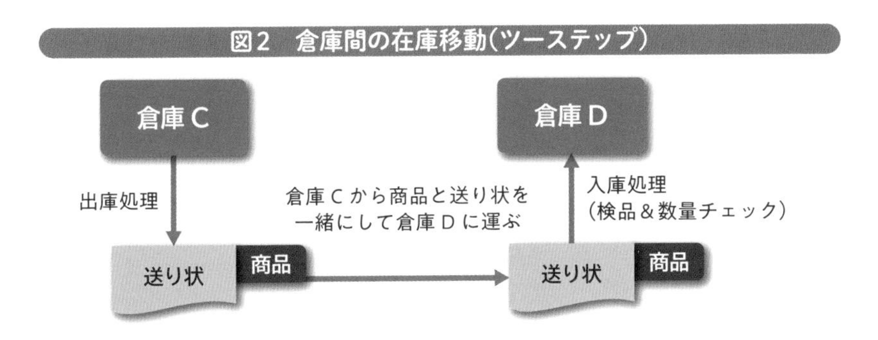

コラム　変更履歴管理について

　コンピュータシステムの維持管理の仕事の1つに、プログラムのメンテナンス管理などがあります。コンピュータシステムの場合は、開発時のテストや、受け入れ確認が問題なく行われていれば、運用を開始した後は同じ処理を繰り返すことになるため、正しい処理が行われていると言えます。ただし、システムに変更が生じた場合、特にプログラムを修正した場合は、正しく変更されたことを証明する必要があります。そのためのテスト結果のエビデンスや、受け入れ確認などが行われたことを変更履歴簿などでしっかり管理しておく必要があります。

第8章

ERPの使いこなしのためのヒント

第8章では、「ERPの使いこなしのためのヒント」として、ERPシステムをもっと活用して仕事に役立てるためのヒントを提供していきます。例えば「複数システムが存在する場合の問題点」「プロセスをデザインする時のポイント」「バッチ処理は少ないほうが良い」「お客様に納期を伝える仕組み」「入金予定日、支払予定日の求め方」などについて一緒に考えていきましょう。

1 業務処理を複数のシステムで処理している場合の問題点

ワンポイント

- システム変更が難しい
- インターフェース、バッチJOBが多い
- 運用管理が大変

システム変更が難しい

業務処理を複数のシステムで処理している場合、様々な課題を抱えていることが少なくありません。一番多いのは、会社の仕組みの変更や法律などの改正などに対応するために各システムを変更する場合です。

対応するための解決案は、各システムの担当者間で検討して作り上げます。この時、それぞれのシステムをよく知っている人が必要になりますが、その人がいない場合は大変です。よく知っている人がいないシステムを知るための調査には多くの時間がかかります。

また、作り上げた解決案を元に、影響を受ける各システムの変更個所や変更方法を決めていきます。それぞれのシステム側で変更·テストしたのち、テスト環境でシステム間の接続テストを行っていきます。

特に各システムとも本番運用していますので、テストする日程や時間が限られます。各システムの**バックアップ**や**リストア***をしながら何回か本番環境でシステム間の接続テストを行っていきます。最終確認ができたら、土日や連続する休日などのある日を選んで変更後のシステムに切り替えます(図1)。

もし、1つのシステムで業務処理を行っている場合は、そのシステム内だけの変更で済みますし、接続テストが不要になります。

* **リストア**……バックアップしたデータを元の場所に上書きで戻すこと。

図1 システムの変更作業に多くの工数がかかる

Aシステム改修
システム内テスト
Bシステム改修
システム内テスト
Cシステム改修
システム内テスト
テスト環境接続テスト
本番環境で接続テスト
バックアップ・リストア
本番環境へ切り替え

インターフェース、バッチJOBが多い

システムが多く存在している場合は、どうしてもほかのシステムとのマスタやデータの交換のための**インターフェース**が多く存在します。また、そのインターフェースの処理を夜間などの**バッチJOB***で行う場合が多いと思います。

もし、夜間のバッチJOBに問題があって、うまくデータ交換が行われていない場合は、翌日などにそのリカバリー処理が必要になります。この点についても、1つのシステムであれば、そもそもインターフェースやバッチJOBを組む必要がありません(図2)。

図2 システムが複数存在する場合の問題点

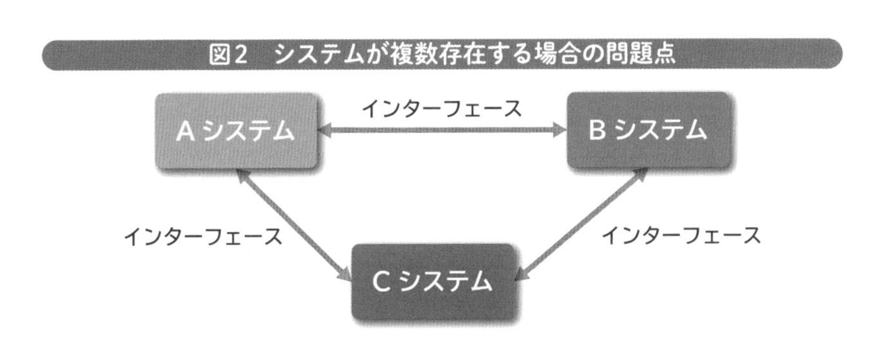

* **バッチJOB**……ほかのシステムなどからデータをまとめて受け取る場合などに、日付や時間指定などをして行う処理のこと。

運用管理が大変

システムを維持管理していくための**運用管理**をシステムごとに行いますので、どうしても作業量が多くなります。しかも同じような作業、例えば、システムのバックアップや、プログラムの変更・メンテナンス管理、不正アクセス監視、パフォーマンス管理など同様の作業をシステムごとにやることになります(図3)。

図3　運用管理が大変

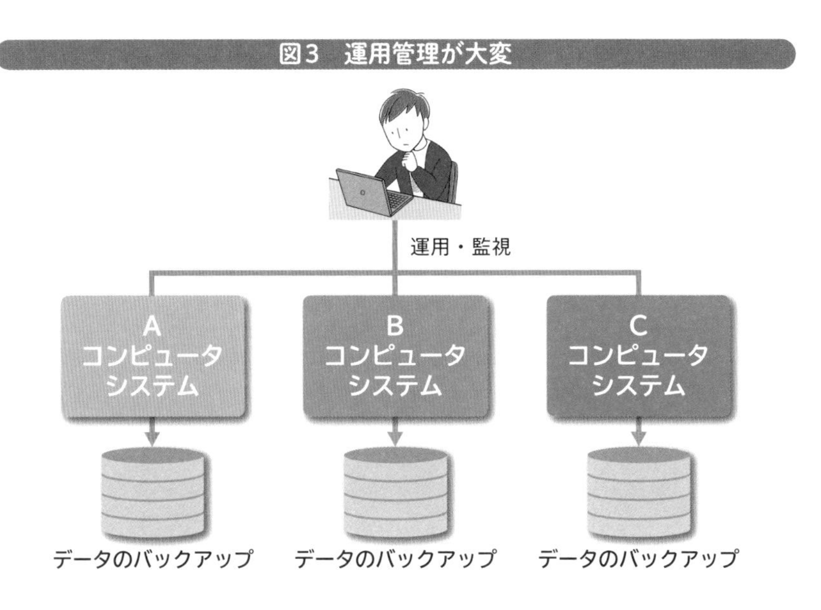

プロセスをデザインする時のポイント

ワンポイント

- プロセスは、会社や部門の垣根を外して考える
- プロセスは、End To Endでデザインする

プロセスは、会社や部門の垣根を外して考える

会社全体の業務プロセスを考える場合は、会社、グループ、関係する会社などの会社や部門の垣根を外してプロセスを考える会社も多くなってきました。

例えば、SCM*などがいい例です。得意先の各店舗の販売状況や在庫情報を、販売会社、メーカー、サプライヤー間で共有することで、「今売れている商品をいつ頃、どれだけ作ればよいか」、また「サプライヤーから必要な原材料をいつ頃、どれだけ仕入れればよいか」などが、正確かつリアルタイムにわかるようになります(図1)。

図1 取引先間で在庫情報を共有する例

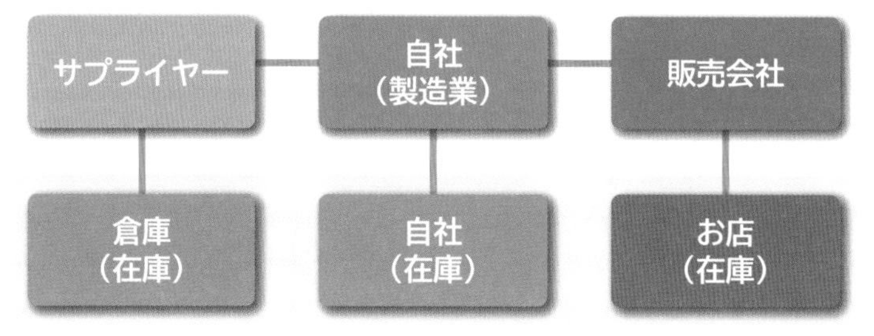

* SCM…………Supply Chain Managementの略。製造業の原材料の調達、生産、物流、販売までの一連の流れのこと。

また、サプライヤーとメーカー間、メーカーと販売会社間で**受発注データ**を自動で交換することで、受注や発注にかかる作業を大幅に軽減できるだけでなく、お互いに同じ情報を共有することができるようなります。

このように、会社内のプロセスだけに目を向けてプロセスをデザインするだけでなく、会社の外の関係する会社との仕組みをうまく構築することで、さらに大きな効果が期待できます。

プロセスは、End To Endでデザイン

会社内に目を向けてプロセスのデザインについて考えてみましょう。情報は、繋がることで価値を生むという考え方のもと、プロセスは、End To End*、つまり、プロセスのスタートからエンドまでの一連のプロセスを繋げてデザインするようになってきました(図2)。

図2　プロセスは、End to Endでデザイン

計画→原材料投入→
製造→完成（製品入庫）
仕入先
調達
生産
販売
得意先
購買依頼→見積→
発注→入庫→支払
原料
製品
見積→受注→
出荷→請求→回収
在庫
在庫移動
（入庫・出庫）

例えば、購買プロセスには、図3のような購買要求から購買見積り、仕入先の決定、購買発注、入庫、請求書照合、支払いまでを一連のプロセスとして捉え、デザインします。もちろん、これ以外の一連のプロセスも考えられます。

＊ **End To End**……29ページを参照。

実際には、この各プロセスは、もう少し細かなプロセスにわかれ、例えば、仕入先に先にお金を支払ってからでないと出荷してくれないケースや、仕入れた商品を自社の倉庫を経由せずに、直接、得意先の指定場所に直送するケースなど、複雑なケースがあり単純ではありません。

また、販売プロセスの場合は、例えば、図3のような潜在顧客の発掘から、提案、見積り、受注、出荷、請求、回収までを一連のプロセスとして捉えてデザインします。

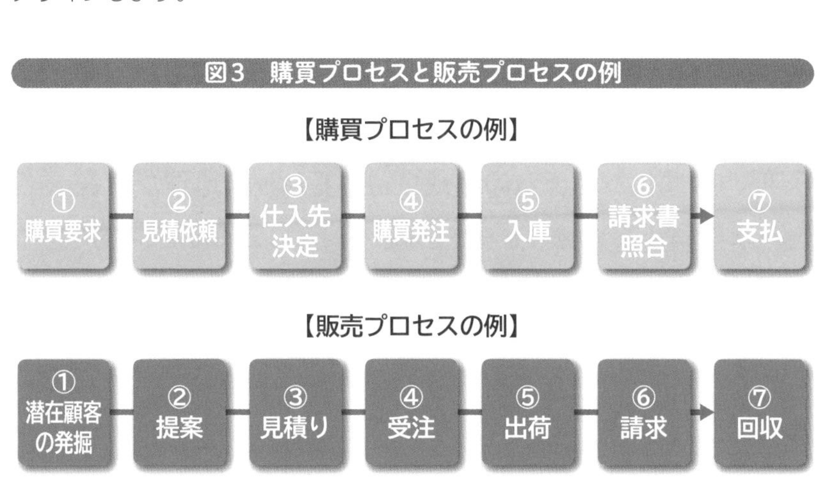

3 バッチ処理は少ないほうが良い

ワンポイント

- 部門最適化システムの名残りとしてバッチ処理が存在
- コンピュータの性能の向上により必要の都度、生データからの検索・集計が可能

部門最適化システムの名残りとしてバッチ処理が存在

よくあるケースとして、販売を中心としたロジ系の個別開発したシステムと、パッケージの導入による会計システムの両方を利用している場合があります。ロジ系の個別開発したシステムは、会社のポリシーに基づいて構築したシステムで、パッケージとの間ではGapが多く、個別開発したものです。

ロジ系のシステムと会計システムは、夜間などで、日々**バッチ処理**で請求データや売上データを会計システムに**インターフェース***しています（図1）。

図1 リアルタイムシステムの実現を難しくしている原因の1つ

インターフェースするデータは、請求データや売上データのほかに、得意先マスタや仕入先マスタなどもあります。翌日になると昨日までの会社の経営成績を把握できます。

もし夜間バッチ処理にトラブルが発生した場合は、会社の経営成績の把

＊ **インターフェース**……ほかのシステムからデータを受け取る、または、ほかのシステムにデータを引き渡すこと。

握に時間がかかります。8-1節で説明したように、理想としては、**1つのシステム**で構築することで、バッチ処理をなくすることができるとともに、リアルタイムに経営成績の把握などが可能になります。

必要の都度、生データからの検索・集計が可能

過去、コンピュータの性能に合わせてシステムを構築してきた歴史があります。メモリや補助記憶装置の容量が少なかった時代では、金額などの数字だけの項目なら1バイトに2桁の数字を入れて全体のデータ容量を減らしたり、残高テーブルを用意して、この中に、前月や前日までの残高を残しておき、当日分だけを集計することで処理スピードをアップさせるなど様々な工夫をしてシステムを構築してきました。その分、システムも複雑になっていました。

しかし、現在のコンピュータは、生データから都度、データを検索・集計しても、それに耐え得る性能を持つようになりました。

例えば､会計の例ですが､ECCでは､会計年度別に貸借対照表の残高を持っておき、年次でこの残高を更新する仕組みが一般的でしたが、S/4HANAでは、残高を持つのをやめて、前期末の貸借対照表残高を、会計伝票の1つとして書き込むことで、残高テーブルを廃止しました(図2)。

それによって、対象の会計伝票だけを検索・集計して財務諸表などを作る方法に変わり、仕組みもシンプルになっています。

図2　S/4HANAでは残高ファイルが不要になった

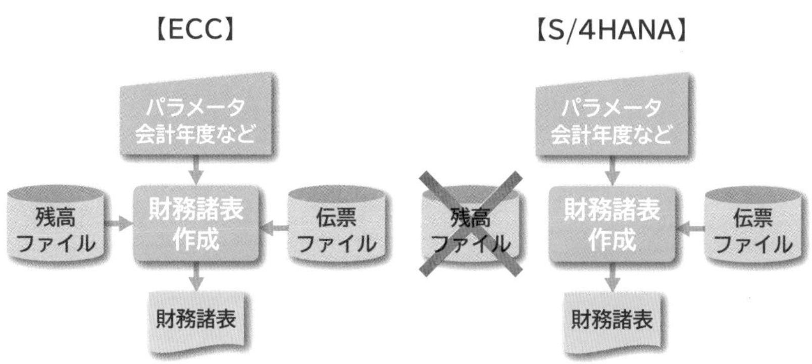

4 お客様に納期を伝える仕組み

ワンポイント

- 在庫および入出庫情報が正確であることが前提
- 倉庫の出荷可能日、出荷締切時間、配送リードタイムなどから納期がわかる

在庫および入出庫情報が正確であることが前提

正確な**納期回答**を行うためには、お客様から受注した品物が出荷予定日に存在することが前提になります。コンピュータ上に**在庫**が存在するように見えても、実際の出荷予定倉庫に見に行ったら、在庫がなかったということがあります(図1)。

これは、在庫引き当て漏れや数量の取り違いなどが原因で、倉庫の実在庫数量とコンピュータ上の在庫数量が違っていたことが考えられます。納期回答は日々の在庫管理において、正しい在庫の受払いができていて、倉庫の実在庫とコンピュータ上の在庫が一致していることが大前提になります。

図1　倉庫の現物在庫とコンピュータ上の在庫数量が一致していることが前提

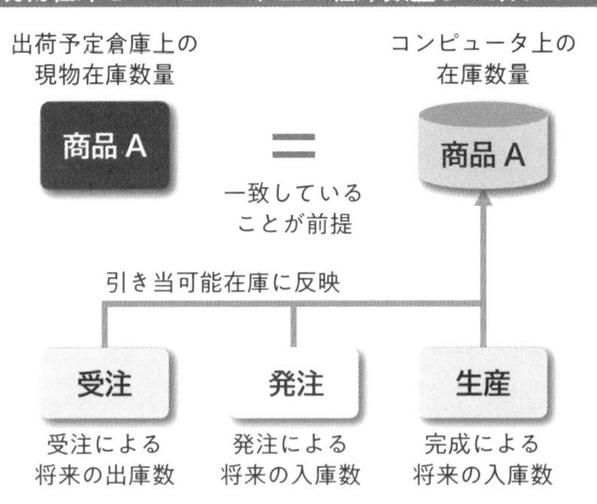

また、今時点の在庫がなくても、例えば、生産して出荷日までに受注した品物を作れるという情報があれば、これを加味して出荷予定倉庫の出荷可能在庫とみなすことができます。

ERPパッケージでは、現時点の在庫数量のほかに、受注、発注、生産による将来の出庫、入庫のデータが加味された引当可能在庫数量が見えるようになっています。

納期回答の仕組みの例

納期回答は、まず今日は出荷が可能な日かどうか、出荷倉庫の出荷日カレンダーを用意しておきます。また、出荷は何時まで可能なのか、倉庫の払い出し可能時間も設定しておきます。これに、荷渡方法*による配送リードタイム*などを加味することで、納期がいつになるか回答することができます。ERPパッケージでは、倉庫ごとの出荷の締切時間、カレンダーによる出荷可能日、配送方法の設定・変更ができるようになっていています。

今日(月曜日)、ある得意先から商品Aの注文を受けた場合の納期回答の仕組みを、例題を見ながら考えてみましょう(図2)。

例題

商品Aの出荷倉庫は、毎週月曜日から金曜日まで可能で、1日1回、15：00までに出荷依頼を受けたものを今日、出荷することができます。商品Aはトラックで配送します。出荷倉庫から出荷先までの配送リードタイムは2日です。商品Aの在庫は、出荷倉庫に受注数量に対応可能な在庫数量があります。

この例題では、商品Aの出荷指示を今日(月曜日)の15：00までに倉庫側に伝えることで、配送リードタイムの2日を考慮して、納期は2日後と回答できます。

＊ **荷渡方法**……トラック、船、列車、飛行機など。
＊ **リードタイム**……輸送などにかかる時間。

図2　納期回答の仕組みの例

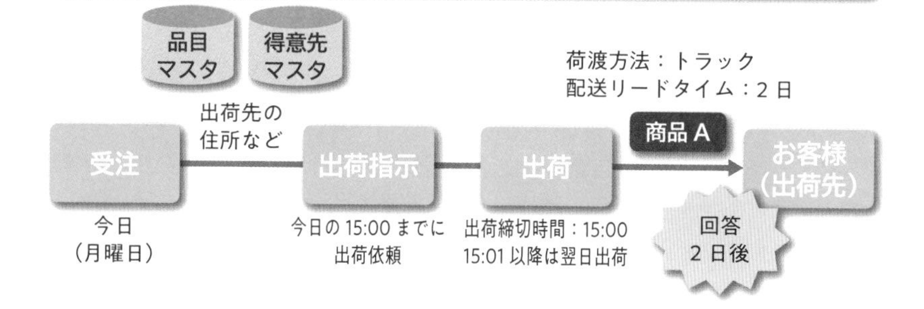
例題
今日、受注した商品Aの納期はいつと回答しますか？
前提
・出荷倉庫の出荷可能日：月曜日～金曜日
・出荷は1日1回、締切時間：15:00
・荷渡方法：トラック
・出荷先までのリードタイム：2日
品目マスタ
得意先マスタ
出荷先の住所など
荷渡方法：トラック
配送リードタイム：2日
商品A
受注
出荷指示
出荷
お客様（出荷先）
今日（月曜日）
今日の15:00までに出荷依頼
出荷締切時間：15:00
15:01以降は翌日出荷
回答2日後

5 入金予定日、支払予定日

ワンポイント

- **入金予定日は得意先の支払条件などを元に計算できる**
- **支払予定日は当社の支払条件などを元に計算できる**

入金予定日の求め方

商品を販売したけれども、その代金はいつ入金になるのか財務の担当者は気になるところです。毎月資金繰りを行い、お金が不足することがないように月末や翌月末などの入金・支払金額の予測を行っています。不足が予測される場合は、銀行などからお金を借りることを検討しなければならず、少なくとも3ヶ月先の**キャッシュフロー**[*]は見ておきたいところです。

ではどうやって**入金予定日**がわかるのでしょうか。まず、得意先に商品を販売する際に取引条件を決めます。その1つが**支払条件**です。

日本では、締め請求という取引形態があります。月末締め翌月20日払いとか、20日締め翌月25日払いとかいろいろあります。例えば、月末締め翌月20日払いの得意先の場合は、対象の月の1ヶ月分の販売金額を集計して請求書を月末日に発行します(図1)。

請求時点での入金予定日は、仮に10月1ヶ月間に販売した合計金額が10,000円だとすると、その10,000円は、11月20日に得意先からもらえることになります。このような方法で入金予定日を知ることができます。

この支払条件は得意先マスタに登録しておき、その支払条件から入金予定日を計算します。なお、入金予定日を正確に求める場合は、金融機関などの休日カレンダーなどを考慮する必要があります。

＊ **キャッシュフロー**……会社の現預金の入出金の流れのこと。財務諸表の1つにキャッシュフロー計算書がある。

図1　請求時の入金予定日の例

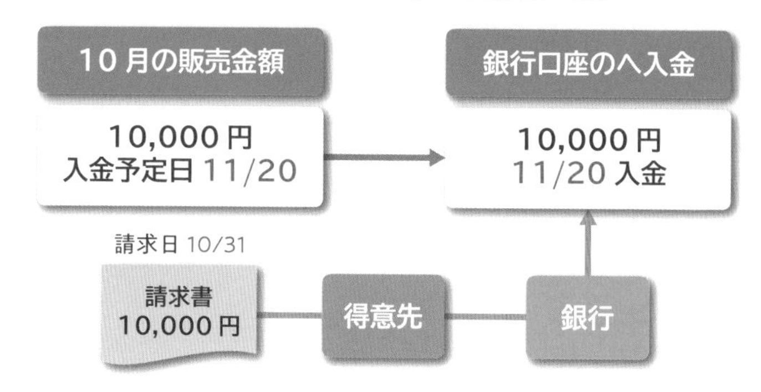

もう1つ、受注日時点でその代金がいつ入金になるかも知りたいところです。この場合は、出荷予定日（納品予定日）＋支払条件を加えることで、受注日時点での入金予定日と販売代金の金額がわかります。長いスパンの資金繰り予測が必要な場合に使います。

SAPでは、債権・債務が確定した分の入金予定表や支払予定表をリアルタイムで作成できるほか、受注した分（未請求分）の取引を加えた、キャッシュフローのシミュレーション機能が用意されています（図2）。

図2　受注時と請求時の入金予定日の例

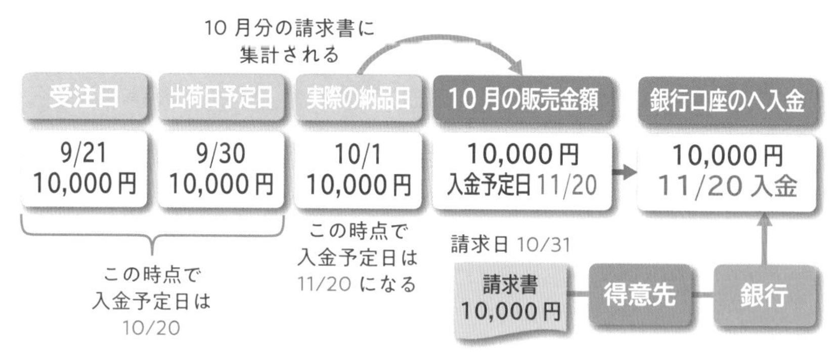

例えば、この得意先は月末締め翌月20日払いなので、受注日が9月21日、出荷予定日が9月30日だとすると、この時点では入金予定日は10月20日になります。しかし実際には、この受注分を10月1日に納品したとすると、この分は10月分の請求書に集計されます。結果、入金予定日は、11月20日になります。

支払予定日の求め方

支払予定日の求め方は、入金予定日を求める場合とほぼ同じ方法になります。支払条件は、自社の支払条件になります。これを仕入先マスタ上に登録しておきます。

仕入先から請求書を受取ったら、その請求書上の請求日を元に、当社の支払条件を使って請求書の受取り時点の支払予定日を計算できます。支払条件は、購入品目などの種類によって複数用意している場合が多いです。

また、発注日時点でその代金をいつ支払うかを知りたい場合は、入荷予定日（納品予定日）に自社の支払条件を加えることで、発注日時点での支払予定日と支払代金の金額がわかります。

コラム　請求金額と入金金額が異なる時

請求した金額が、そのまま入金されないことがあります。その原因として、得意先の本社部門が各支店に対する請求分をまとめて支払ってくる場合や、振込手数料を差し引いて支払ってくる場合などがあります。SAPでは、例えば1,000円という金額を設定しておくと、その設定した1,000円以下の差異がある場合は、振込手数料分だと判断して自動的に回収したことにできます。

コラム 透過テーブルについて

SAPでは、データはデータベースのSAP HANAに保管されています。会計伝票などを転記すると、ACDOCAというテーブルに実際の会計伝票が保管されます。この実際のデータが入っているテーブルのことを「透過テーブル」と言います。このほか、透過テーブルと透過テーブルの中から、必要な項目を結合して作ったテーブルを「ビュー」と言います。このビューの中には実際のデータは入っていません。照会用のテーブルになります。

第 9 章

ERPの保守作業

第9章では、ERPの保守作業について学びます。保守の手順とユーザーの管理の考え方を身に付けていただきます。

1 保守の手順

ワンポイント

- 保守作業は、機器の交換、増設、メンテナンスなど多岐に渡る
- 保守に必要なドキュメントの整理と管理基準を明確にしておく
- 保守体制と一次受付窓口を用意する

保守作業は、機器の交換、増設、メンテナンスなど多岐に渡る

保守作業は、機器の交換、増設、メンテナンスなど使用している機器やソフトウェアなどが正常に使えるよう維持していく仕事のことです。対象は、ハードウェア、ソフトウェア、ネットワークなど多岐に渡ります。

また、ハードウェアといってもサーバーから接続機器、パソコン、タブレット、Wi-Fiなど、たくさんあります。同様にソフトウェアもOSやデータベース、業務アプリケーション、ブラウザ、Excel、Word、Teams、SharePointなどのOfficeツールなど様々あります。そして、それぞれのバージョン管理が必要です。

ネットワークも社内のサーバーやオフィス機器との接続、また社外との接続用のネットワークなどがあります。

これらを台帳などで管理者、利用者、設置場所、保守期限などを明示して管理していきます(表1)。

表1 パソコン管理台帳の例

NO.	名称	メーカー	シリアル番号	OS	メモリ	購入日	貸出日	貸出先/社員名	保管場所	期限	連絡先	処分時期

保守に必要なドキュメントの整理と管理基準を明確化

ここでは、SAPのERPパッケージを利用している場合の保守作業について考えてみましょう。

ERPパッケージにはバージョンがあります。導入した時点のバージョンに、エンハンスメントパッケージ*を定期的にインストールしながら利用していきます。これは、定期的な機能拡張やプログラムのメンテナンスを行うためのものです。また、バージョンアップを行う場合もあります。この時は大掛かりな作業となることが多いため、プロジェクト化して対応します。

ERPパッケージを導入する際に決めた**業務フロー**(業務プロセス)や**コード**、**パラメータ**、**ワークフロー**、**メニュー**、**ユーザーID**などの追加・変更・削除などの作業も発生します。特にAdd-onしている場合は、各プログラムの改修のためのドキュメントも必要になってきます。例えば、**ドキュメント**として次のようなものがあります。これらの管理者や管理基準を定めて保守作業を行っていきます(表2)。

表2 ERPパッケージの保守に必要なドキュメント

帳票名称	利用目的	管理者	バージョン	作成・改訂日
要件定義書	業務要件に沿って実現した機能を理解する	プロセス		
業務フロー	各業務のプロセスと担当を管理する	プロセス		
ワークフロー定義書	各ワークフローの流れと承認権限者を管理する	内部統制		
コード・区分定義書	使用するコードや区分を定義する	データマネジメント		
パラメータ設定書	ERPパッケージの設定したパラメータの内容を明確にする	情シス		
ユーザーメニュー管理簿	ユーザー、ユーザーグループ(タイプ)別のメニューを設定・管理する	内部統制		
権限設定・管理表	ユーザー、ユーザーグループ(タイプ)別の権限を設定・管理する	内部統制		
使用標準プログラム一覧表	使用するERPパッケージ標準のプログラム(トランザクションコード)を管理する	情シス		
Add-onプログラム一覧表	Add-onしたプログラムのIDおよびバージョンを管理する	情シス		
ユーザーID管理表	ERPパッケージを使用するユーザーのIDを管理する	運用管理		
移送管理簿	プログラムの変更時に移送番号を発番し、移送内容を管理する	運用管理		

* **エンハンスメントパッケージ**……SAP社から定期的に提供される製品のUpdateデータのこと。

操作手順書	プログラムの1つ1つの操作方法や共通的に使用する機能の操作方法を明確にする	プロセス		
マスターメンテナンス手順書	各マスターのメンテナンス手順を管理する	データマネジメント		
申し送り書	次期プロジェクトなどで対応する要望事項を忘れないように記録しておく	事務局		

保守管理体制と一次受付窓口を用意する

また、**保守管理体制**が必要な1つ1つの部署で、すべての保守を実施することができないので、管理責任部署との連携が重要になります。**ヘルプデスク**＊の中に保守部隊を用意するか、保守専門のチームを用意して対応していくのが良いでしょう。

ベンダーやSIerがヘルプデスクや保守専門チームの窓口となる場合は、顧客の管理責任部門と連携した組織を構築しておく必要があります（図1）。

図1 ERPパッケージシステムの保守管理体制の構築例

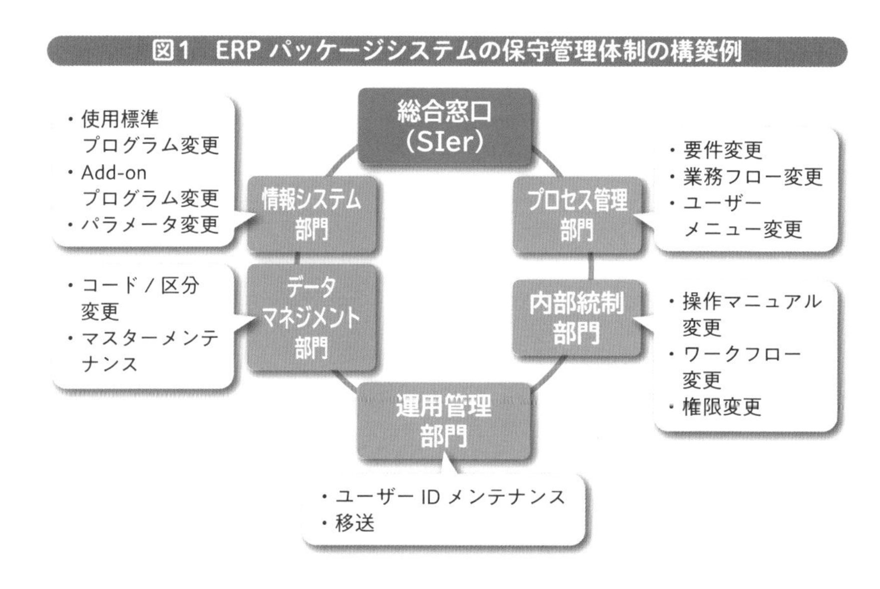

ユーザーと保守契約をしている場合、ベンダーやSIerの中にヘルプデスクを設置して対応します。このヘルプデスクが窓口となって、問い合わせ番

＊**ヘルプデスク**……運用しているシステムの問い合わせ窓口のこと。

号を発番し、一次受付を行います。

問い合わせ内容がソフトウェア、ハードウェア、ネットワーク、データベース、業務アプリケーションなどのどれに関するものなのかを正確に把握して、対応にふさわしい担当者をアサインします。この振り分け方次第で、対応レスポンスが変わってくるので、一次受付担当者は重要な役割を担っています。

回答に時間がかかると、お客様の業務に影響を及ぼす恐れがありますので、迅速、かつ適切な対応が必要です。一次受付窓口の担当者は、システム全般について広く理解している必要があります(図2)。

図2　一次受付窓口担当者はキーマン

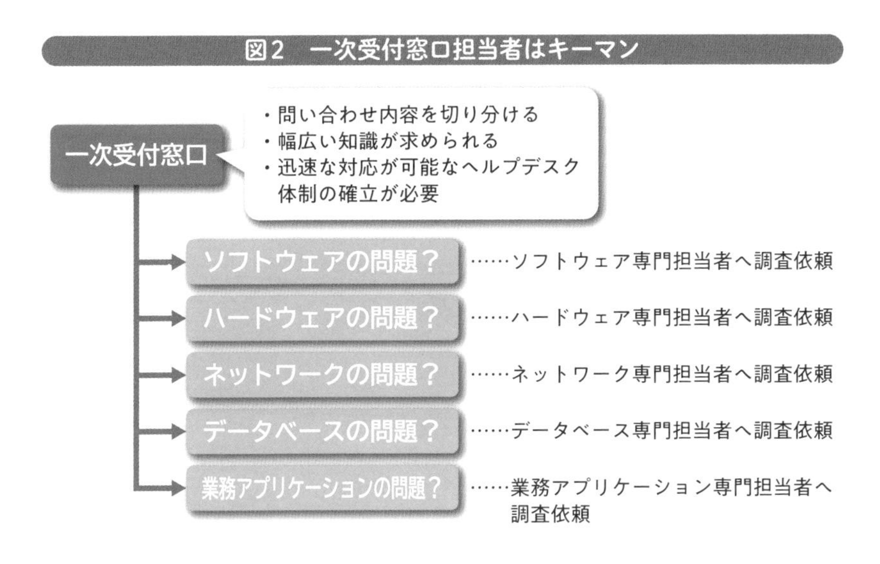

ユーザーからの問い合わせの中に、システム改善や新しい価値を生み出すためのヒントが隠されています。ユーザーからのシステムトラブルなどに関する情報を、マイナス情報として捉えるのではなく、プラス情報と考え蓄積していくことが大事です。

そのためには、問い合わせの内容を管理し、問い合わせの内容と対応結果の記録を残しておく必要があります。その記録を定期的に分析して、分析結果を開発部門などにフィードバックすることで、再発防止や機能改善、新サービスの提供、新商品開発へと繋げていかなければなりません(図3)。

図3　問い合わせ情報をプラス情報と捉え活用していく

問い合わせ結果と
対応履歴を残す
（蓄積）
原因分析など
再発の防止・
機能改善へ繋げる
よくある質問、
Q&A リストへ反映
新しい製品、サービスの
提供のヒントを得る

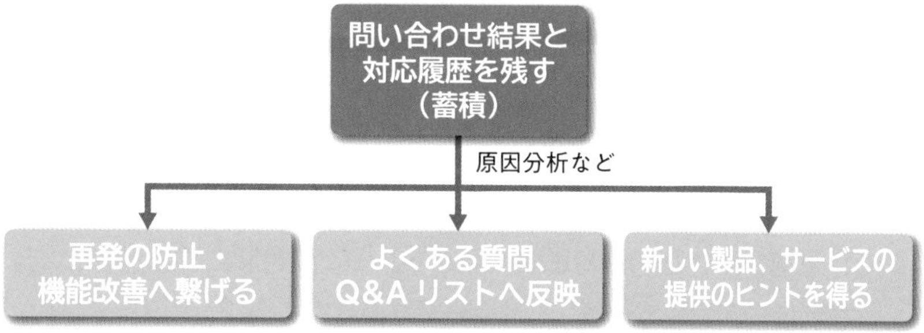

2 ユーザーの管理

ワンポイント

- 社員や協力会社の入退社管理をしっかり行う
- SAPのユーザーIDメンテナンス方法

社員や協力会社の入退社管理をしっかり行う

SAPの場合、保守作業の1つに**ユーザーID管理**があります。SAPを利用するすべてのユーザーはこのユーザーIDを登録して管理します。名前、部署、連絡先、パスワード、有効期限、ロール、権限プロファイルなどを割り当てて管理します。

社員が入社したり、異動、退職などが発生した場合に、ユーザーIDの登録、変更、削除処理を行う必要があります。また、協力会社などがプロジェクトに参加する場合も同様にユーザーIDの登録、変更管理を行います。ユーザーIDは、開発機、検証機、本番機などのサーバーごとに管理が必要です。

SAPのユーザーIDメンテナンス方法

SAPでは、ユーザーID管理をトランザクションコードの『SU01』で行います。このトランザクションコードは、一般には公開せず、SAPの運用管理者だけが行えるようにします。アドレスタブ*、Logon Dataタブ*、ロール、Profileタブ*などを使って項目の値を入力または変更します。

図1は、アドレスタブの中にある名前、部署、連絡先を入力する画面です。

---

* **アドレスタブ**……ユーザーIDの名称、使用言語、職務、部署、電話番号、メールアドレスなどを設定する。
* **Logon Dataタブ**……ユーザーグループ、有効期限を設定する。
* **Profileタブ**……権限プロファイルを設定する。

図1　名前、部署、連絡先を入力する画面

図2は、Logon Dataタブの中にあるユーザータイプ、パスワード、有効期限などを入力する画面です。パスワードは初期値のパスワードを設定しておきます。その後、ユーザーが自分の覚えやすいパスワードに変更します。退職者は有効期限に退職日を入れておきます。

図2 ユーザータイプ、パスワード、有効期限などを入力する画面

図3は、ロールを設定する画面です。メニューや使用できるトランザクションコードなどのかたまりを登録しておきます。

図3 ロールを設定する画面

図4は、権限プロファイル*を設定する画面です。この中に、使用できるトランザクションコードの権限値や処理できる部門などを権限プロファイルとして設定しておきます。

* **権限プロファイル**……ユーザーグループ別に許可する権限オブジェクト、権限値の値をまとめたもの。

図4　権限プロファイルを設定する画面

文書　アドレス　Logon Data　SNC　デフォルト　パラメータ　ロール　Profile　グループ　Personalization　ライセンス

割当済権限プロファイル

プロファイル	タイプ	テキスト
T-S05701823		Profile for role Z_ALL
T-S05701824		Profile for role Z_ALL
T-S05701825		Profile for role Z_ALL
T-S05701826		Profile for role Z_ALL
T-S05701827		Profile for role Z_ALL
T-S05701828		Profile for role Z_ALL
T-S05701829		Profile for role Z_ALL
T-S0570286		ロールのプロファイル Z_TEST_S3613
T_PH010010		Profile for role SAP_ASR_MANAGER

第10章

S/4HANAのオペレーション方法を身に付けよう

第10章では、SAPのS/4HANAのオペレーション方法について学びます。SAP GUIの使い方や、Launchpadの使い方、そして、購買・在庫、販売、会計業務の主なオペレーション方法について学びます。

1 お気に入りの使い方

ワンポイント

- 自分だけのメニューが作れる
- 作ったメニューをダウンロード、アップロードができる

自分だけのメニューが作れる

自分だけのメニューは、SAP GUIを使用している場合に利用できる機能です。標準メニューを使用している場合や自分が利用できる**トランザクションコード**がたくさんある場合、そのトランザクションコードが、どのフォル

図1 お気に入りの使い方

追加 削除 変更 移動

SAP Easy Access - ユーザメニュー S4HANA3613

❶

追加∨

ユーザ定義
★ ZXGTR_CHAP0401_23000 - トランザクションコード割当練習
★ ZXGTR_CHAP0402_23000 - トランザクションコード割当練習（パリ）
研修①開発
★ PFCG - ロール更新
★ SU01 - ユーザ管理
★ FILE - クライアント非依存のファイル名/パス
★ /UI2/FLP - SAP Fiori Launchpad
★ /UI2/FLPAM - SAP Fioriランチパッドアプリ Manager
★ /UI2/FLPD_CONF - ランチパッドデザイナ(Client非依存)
★ /UI2/FLPD_CUST - ランチパッドデザイナ（Client 依存）
★ /UI2/FLPCAT - SAP Fiori カタログ更新
★ /IWFND/CACHE_CLEANUP - Cleanup of GW Model Cache
★ /IWFND/MAINT_SERVICE - Activate and Maintain Services
★ SESSION_MANAGER - セッションマネージャ Menu Tree 照会
研修用
FI
CO
SD
MM
マスタ
GL/AR/AP
AA

❷ 作成したユーザー定義メニューのダウンロード、アップロード

メニュー(M)
編集(E)
ユーザ定義(F)
補足(A)
システム(Y)
ヘルプ(H)
SAP GUI の設定とアクション

追加(A) (Ctrl+Shift+F6)
変更(C) (Ctrl+Shift+F3)
移動(V)
削除(D) (Shift+F2)
フォルダ挿入(O) (Ctrl+Shift+F5)
トランザクション挿入(T) (Ctrl+Shift+F4)
他のオブジェクトを追加(S) (Ctrl+Shift+F7)
PC へダウンロード(W)
PC からアップロード(U)

❸ このエリアにトランザクションコードを追加・変更できる

ダの中にあるのか探すのに時間がかかります。そのような場合に、よく使うトランザクションコードを**ユーザー定義フォルダ**に入れておき、見つけやすくすることができます(図1)。

❶の各ボタンは、下記の場合などに使います。

- お気に入りに追加する
- 削除する
- 名称などを変更する
- お気に入りに追加したトランザクションコードの上下の位置を移動させる

また、❷の[追加]→[ユーザ定義]→[PCへダウンロード]もしくは[PCからアップロード]の機能を使うことで、自分で作った開発機上のユーザー定義メニューを検証機などの別サーバー機にコピーすることができます。さらに、ほかの同様のニーズのある人にダウンロードして渡すこともできます。

例えば、お気に入りに追加したいトランザクションコードの上にマウスのカーソルを置き、[★]ボタンをクリックすると、❸のユーザー定義欄にそのトランザクションコードを追加できます(図2)。

図2　ユーザー定義によく使うトランザクションコードを追加する方法①

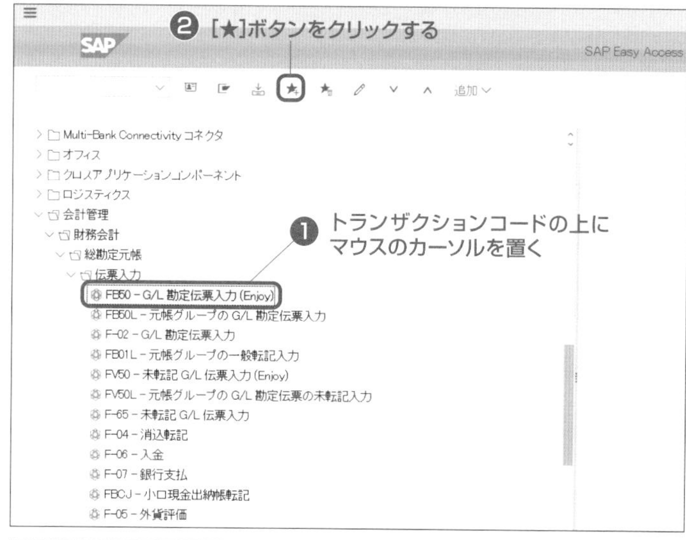

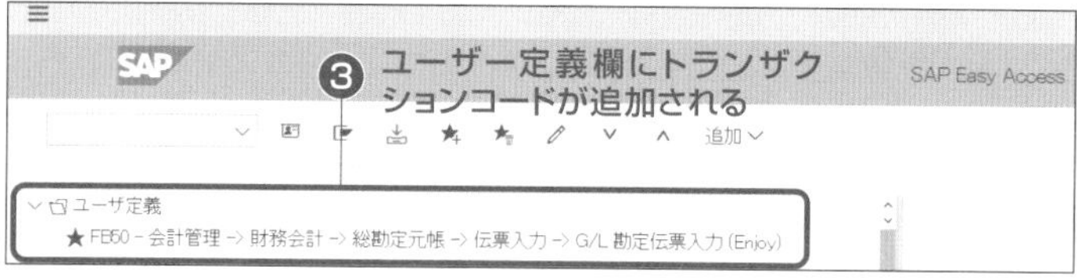

また、別の追加方法として、ユーザー定義のフォルダにマウスのカーソルを置き、マウスを右クリックします。すると図3のような画面が表示されます。

表示されたポップアップ画面上のトランザクションの挿入を選んで、トランザクションCode欄に追加したい機能のトランザクションコード入力し、[Enter]キーを押します。

この方法でも図2と同じように、そのトランザクションコードを❸のユーザー定義欄に追加することができます。

図3　ユーザー定義によく使うトランザクションコードを追加する方法②

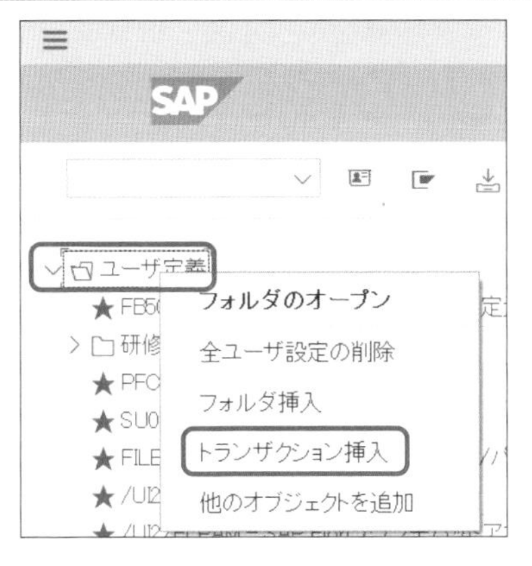

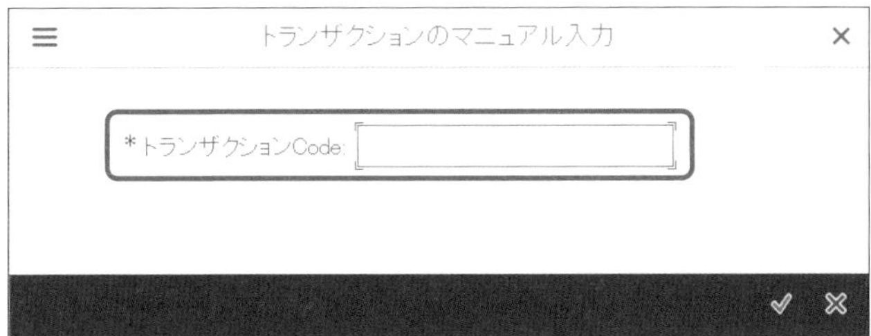

なお、この方法で、フォルダ挿入を選んでユーザー定義欄にフォルダを作ることができます。そして、作ったフォルダ内に追加したいトランザクションコードを入れておくこともできます（図4）。

図4　フォルダを作成し、その中にトランザクションコードを追加した例

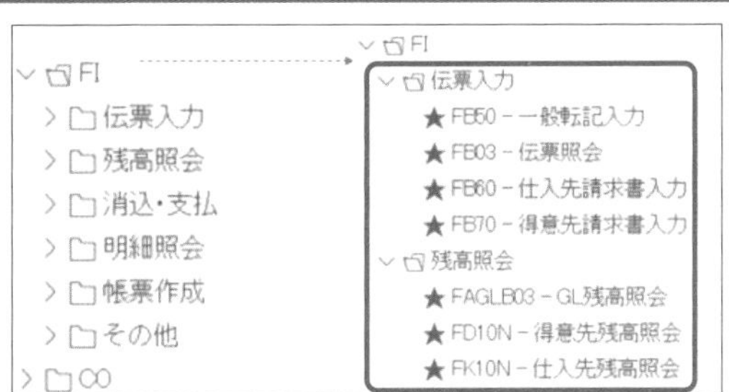

2 SAP GUIの使い方

ワンポイント

- Logon、Logoff方法
- 項目追加した明細レイアウトを保存できる

Logon方法

SAP GUIからのLogonの方法ですが、事前にパソコンにSAP GUIをインストールする必要があります。インストールすると、図1のSAP Logonショートカットが追加されます。これをダブルクリックするとSAP GUIが起動します。

図1 SAP GUIの起動

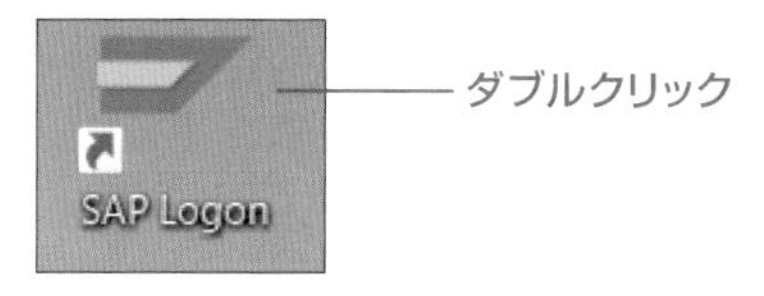

あらかじめ設定が必要ですが、図2の接続先のSAPの環境を選択する画面が表示されます。この中のLogonしたい環境をダブルクリックします。

図2 接続先のSAPの環境を選択

すると図3のクライアント、ユーザーID、パスワード、言語を入力画面が表示されます。それぞれの値を入力して[Enter]します。

図3　クライアント、ユーザーID、パスワード、言語を入力

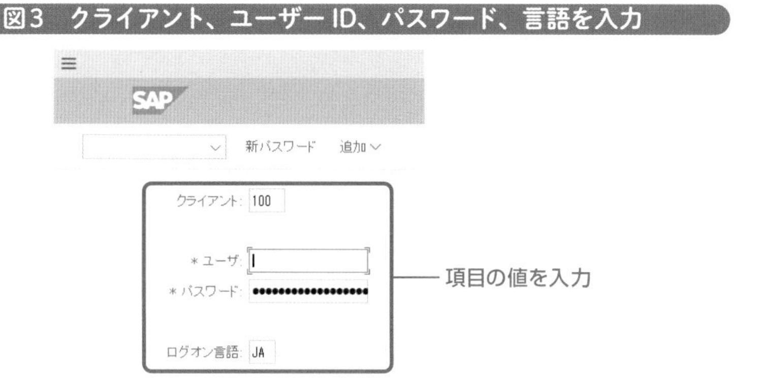

Logoff方法

Logoff(SAPの終了)の方法ですが、Logoffする場合は、画面右上の[×]ボタンまたは、[終了]ボタンをクリックします(図4)。

図4　Logoff①

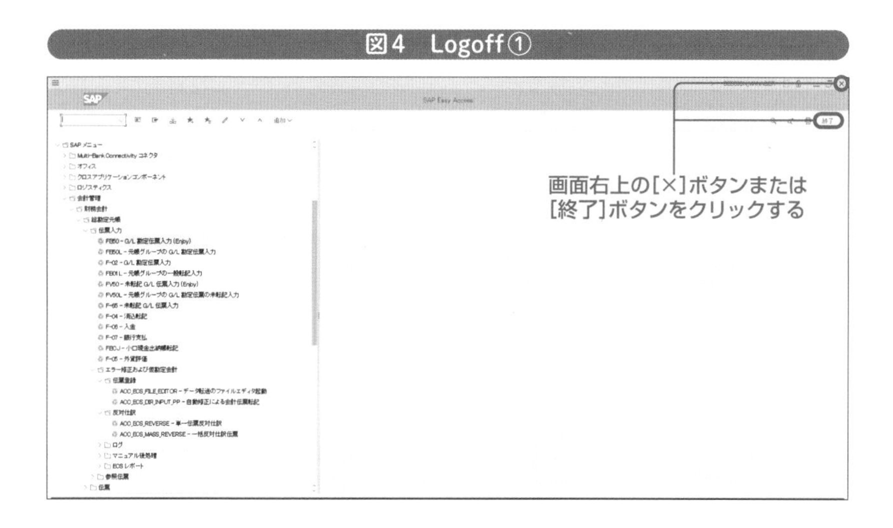

ポップアップ画面が表示されますので、[はい]クリックすると、SAPがログオフされます(図5)。

図5 Logoff②

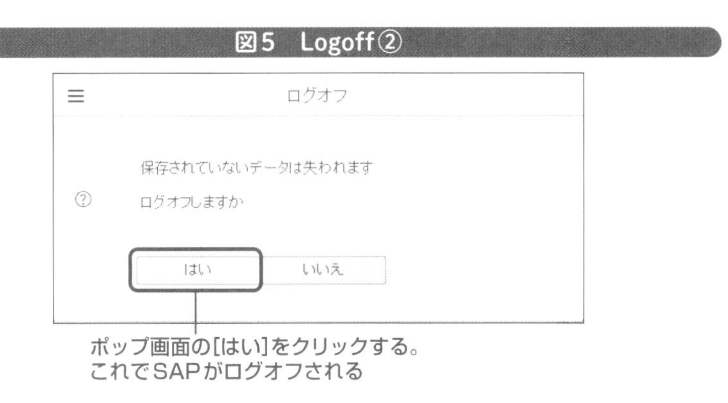

Logon時の初画面と下位画面についてですが、Logonすると、図6のメニュー画面が表示されます。表示されるメニューは、ユーザー、ユーザーグループによって異なります。

横3本線のボタンをクリックすると画面のサイズ変更、新しい画面の立ち上げなどができます。スライドの赤枠のところに実行するトランザクションコードが入力できます。トランザクションコードは、各プログラムに付番されたものです。

表示メニューの編集として、ユーザーメニュー、SAPメニュー、SAP内でメールなどが使えるビジネスワークプレイス、お気に入りの追加、お気に入りの削除、お気に入りの変更、お気に入りの移動、追加から様々な設定ができます。右上の右矢印のところで、表示する内容を切り替えることができます。

画面の左下のほうに見えているSAPメニューは標準のメニューで、ここから実行したいプログラムを見つけて各フォルダをクリックしながら、実行したいトランザクションコードを見つけて実行することができます。

図6 Logon時の初画面と下位画面

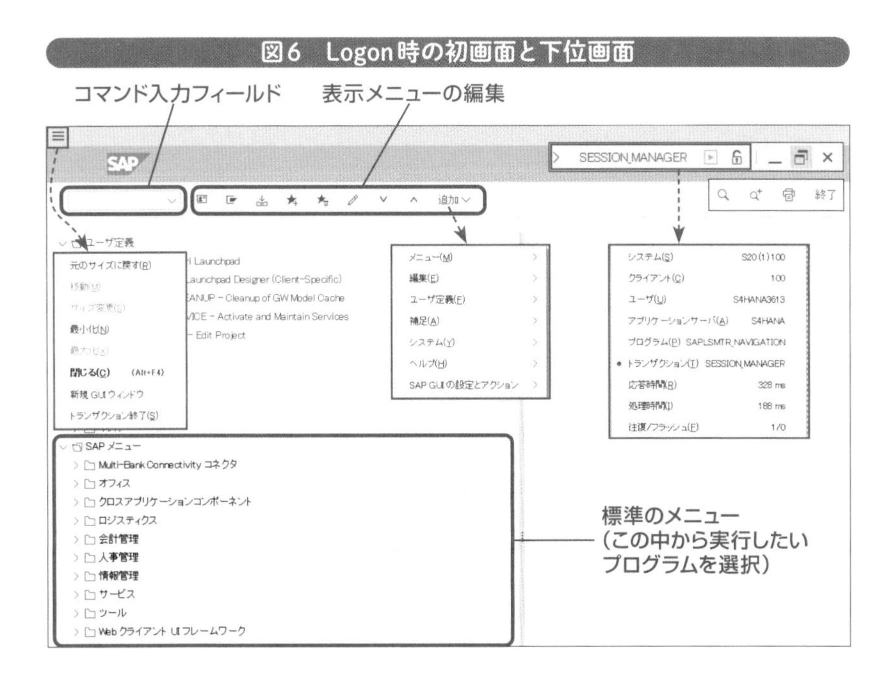

SAP GUIの初期設定

SAP GUIの**初期設定**をするには、まず[追加]→[SAP GUIの設定とアクション]→[オプション]をクリックします（図7）。

図7 SAP GUIの初期設定

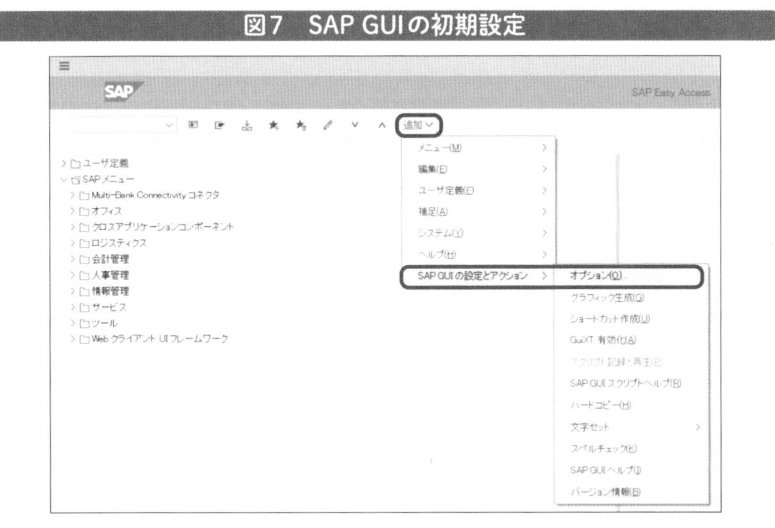

オプション設定の画面が表示されるので、[ビジュアルデザイン]→[テーマ設定]を選択し、画面のテーマを[Belize Theme]に変更して、[SAP Fiori機能の有効化]をチェックします(図8)。そのほかの2つもチェックします。

図8 [SAP Fiori機能の有効化]をチェック

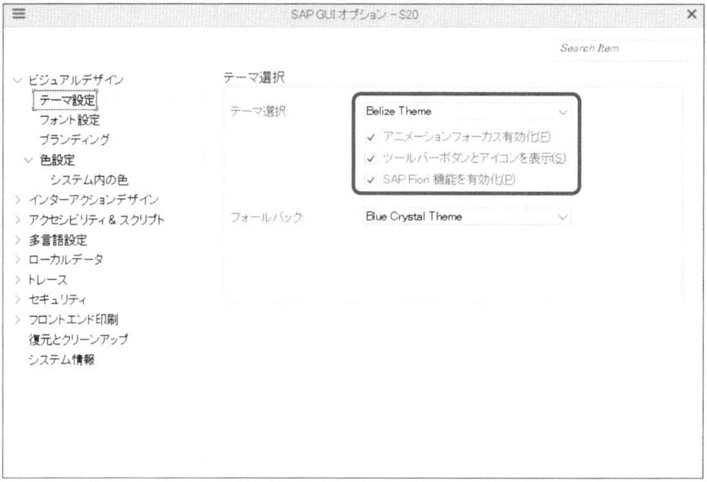

処理画面の例

では、トランザクションコード『FB50』の振替伝票入力を使って、実際の処理画面の例を見てみましょう。これを実行すると図9の画面が表示されます。

画面上の枠で囲んだ部分を**アプリケーションツールバー**といいます。各アプリケーションに対応して表示内容が変わります。

また、3行目の右端の[終了]ボタンをクリックすると、このアプリケーションを終わらせることができます。

真ん中の赤枠のところには、会計仕訳、つまり、勘定科目コード、借方、貸方、伝票金額を入力していきます。ここでは、D/C欄に借方、貸方のいずれかを選択して入力していきます。

左下に補助操作のボタンがあり、例えば、明細の詳細表示、全選択、行追加·削除、行コピー、ソートなどの操作を行うことができます。

画面の一番下にメッセージが表示されます。例えば、転記すると、その伝票番号が表示されます。また、この行の右端に[転記]ボタンと[中止]ボタンがあります。

伝票の入力が終了したら、[転記]ボタンをクリックすると、振替伝票が総勘定元帳に転記されます。

図9 実際の処理画面の例(FB50)

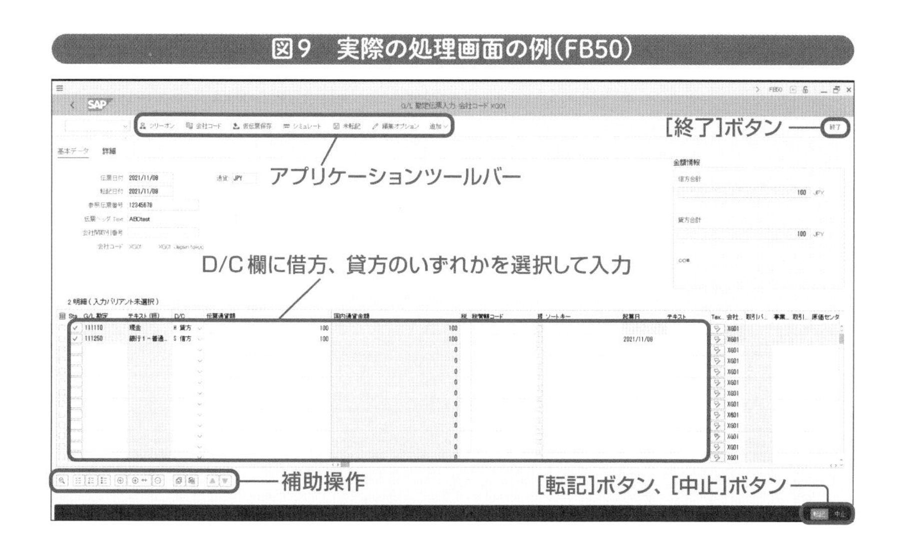

3 Launchpadの使い方

ワンポイント

- Logon、Logoff方法
- プログラムの実行とLaunchpadの編集方法

Logon方法

Launchpadによる S/4HANA への Logon 方法ですが、Edge、Chrome などのブラウザを使って接続します。接続先のURLは、情報システム部門などに確認してください。

URLから S/4HANA に接続すると、図1のようなポップアップ画面が表示されます。この画面から、自分のユーザーIDとパスワード、そして使用する言語、接続先のクライアント(例：100)を入力して[ログオン]ボタンをクリックします。

図1 Logon方法

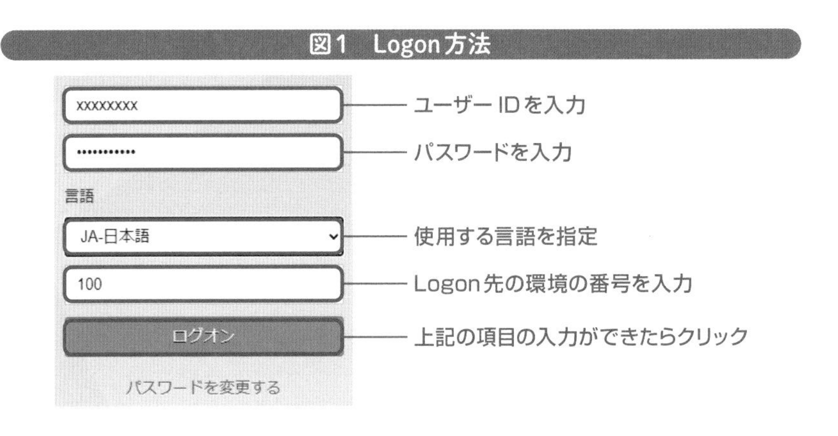

Logoff方法

Launchpadから**Logoff**する場合は、右上の人のマークをクリックし、表示されたドロップダウンメニューの[サインアウト]を選択します(図2)。

図2　Logoff方法①

ポップアップ画面が表示されるので、[はい]クリックすると、ログオフ(サインアウト)されます(図3)。

図3　Logoff方法②

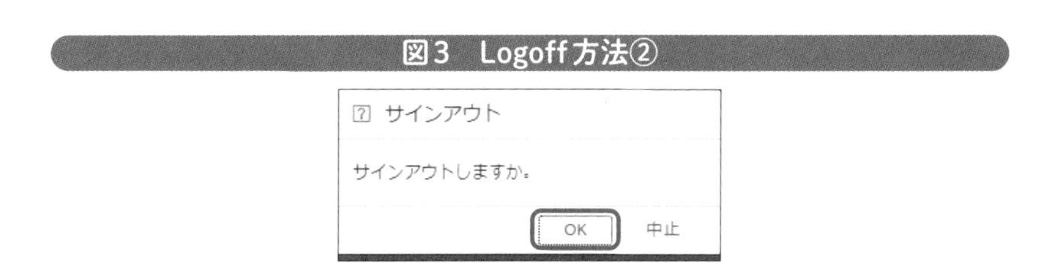

Logon時の初期画面

Logonすると自分の使えるメニューが表示されます。表示されるメニューの内容は、ユーザー(ユーザーグループ)ごとに異なります。四角の枠をタイルといいます。このタイルをクリックすることで対象のプログラムを実行することができます(図4)。

SAPのロゴ、またはMyホームをクリックするとホーム画面に戻ります。各タイルをグルーピングして表示させることができます。右上の人のマークから様々な設定などができます。

図4　Logon時の初画面の例

ホーム画面に戻る
各タイルのグルーピング表示ができる
様々な設定ができる
タイル

処理画面の例

Fioriのアプリ番号『F0718』から振替伝票を入力する時の画面例です。仕訳日付、転記日付、借方の勘定科目、金額、貸方の勘定科目、金額などを入力します。入力項目の入力が終わったら、右下の[転記]ボタンをクリックすることで会計伝票を登録できます(図5)。

図5　実際の処理画面の例(F0718)

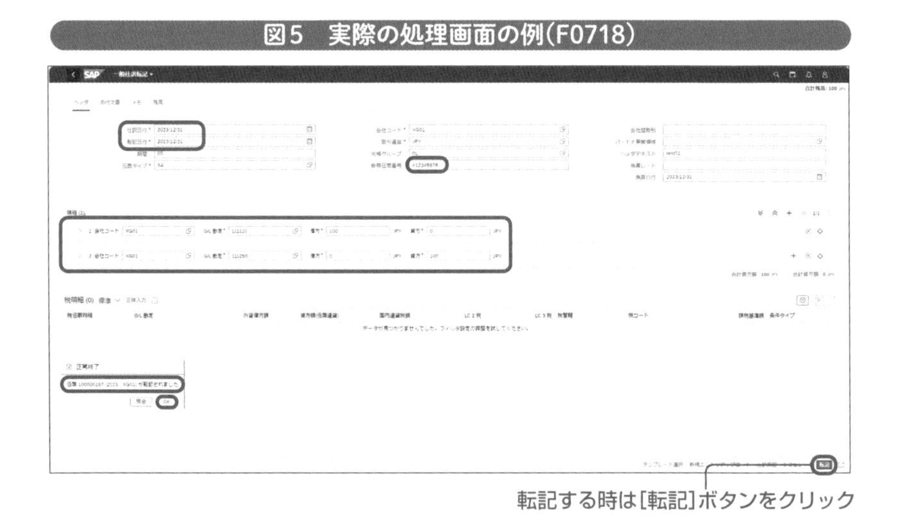

なお、右上の人のマーク(ユーザーID)から、使えるビジネスカタログの検索、メニューの表示色、日付形式の変更、タイルのグループの追加·変更、項目の初期値設定など、様々な設定ができます(図6)。

図6 人のマークから様々な設定ができる

User ID
最近のアクティビティ
頻繁に使用
アプリファインダ
設定
ホームページ編集
製品情報

コラム 会計伝票番号について

SAPでは会計伝票番号は、会計伝票の転記時に連番で自動採番されます。また、一度転記された会計伝票は削除できません。発生元で取消して反対仕訳を発生させるか、反対仕訳機能等を使って反対仕訳します。反対仕訳の結果は、元の会計伝票にも記録されますので、どの伝票を誰がいつ、どの取消伝票で取消したのかという紐づき関係がわかる仕組みになっています。また、会計伝票番号の連番管理を行っているので、監査人などに対して、会計伝票番号の欠番の説明が不要になります。

4 卸売業における全体業務フロー と各業務プロセス

ワンポイント

- 全体業務フロー
- 購買・在庫業務
- 販売業務
- 会計業務

全体業務フロー

卸売業の**全体業務フロー**を確認しておきましょう(図1)。

卸売業は、商品を仕入先から仕入れて、得意先に販売するビジネスですので、生産管理の業務プロセスはありません。購買管理業務、在庫管理業務、販売管理業務、会計管理業務などがあります。この例では人事・給与管理業務を外していますが、実際には、卸売業でも人事・給与管理業務が存在します。

販売実績や販売動向などの需要予測データを元に、商品の購買計画を立て、それに基づいて商品を発注し、品揃えをしていきます。発注した商品は、倉庫に入庫します。そして、仕入先から購入した商品の代金を、仕入先が指定した銀行口座に振込・支払します。

得意先から当社の商品の注文をもらったら、倉庫から対象の商品を出庫し、得意先に納品します。納品した商品の代金を当社指定の銀行口座に振込んでもらい、販売代金を回収します。

経理部門では、各業務処理結果から発生した会計取引を帳簿に転記して管理を行います。また、財務諸表を作成し儲けなどを把握します。必要に応じて外部などへ経営成績や財政状態を公表します。

これを踏まえて、各業務プロセスも確認しておきましょう。

図1　卸売業全体業務フローの例

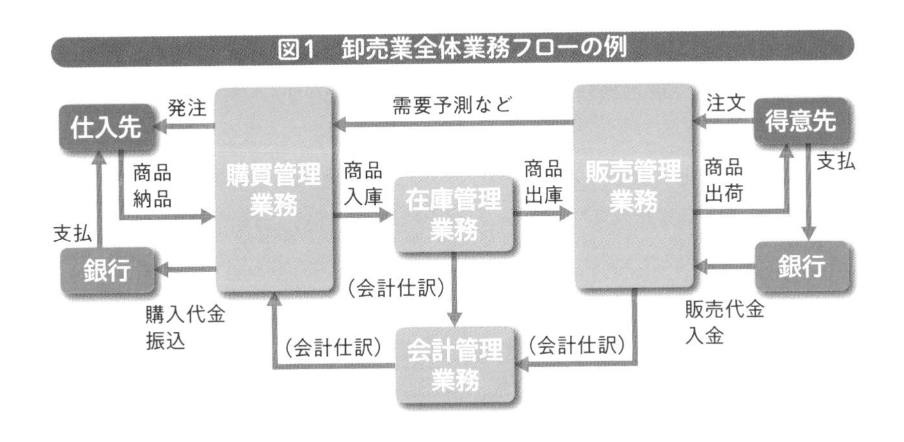

購買・在庫業務

購買・在庫業務プロセスの例を見てみましょう。まず、対象の品目の在庫がどの倉庫に何個あるかをトランザクションコード『MMBE』（在庫照会）を使って確認します。なお、トランザクションコードは、SAPのプログラムを実行する際に対象のプログラムを呼び出す際に使用するコードのことですが、メニューやLaunchpadから実行する場合は、覚えておく必要はありません。

在庫の不足が想定される場合は、トランザクションコード『ME51N』（購買依頼）を使用して、購買部門に購買依頼をします。購買部門では、購買依頼を元に『ME41』（見積依頼）を使用して複数の仕入先に見積依頼を行います。仕入先から入手した見積りを比較・検討し、発注先の仕入先を決定します。

決定した仕入先に『ME21N』（購買発注）を使用して、対象の品目を発注します。発注数量、単価、納期などを確認します。納品場所も指定し、発注伝票を発行して、仕入先から注文請書をもらいます。

仕入先からの納品書や発注伝票を元に、頼んだ品目が、頼んだ通りの数量分届いたかどうか、品目に問題がないかどうかなどをチェックして保管場所に入れて管理します。入庫処理のトランザクションコードは『MIGO』（入庫）です。この時、裏で在庫計上の会計仕訳：借方・在庫勘定/貸方・入庫請求仮勘定という仕訳が自動仕訳されます。

仕入先から請求書が来たら、請求書に間違いがないかどうかを発注書や納品書とチェックして確認します。問題なければ、買掛金の計上を行います。請求書照合は、『MIRO』を使用します。この時、裏で債務計上の会計仕訳：借方・入庫請求仮勘定/貸方・買掛金という仕訳が自動仕訳されます。

その後、当社の支払条件に基づいて、仕入先に購入代金を、銀行を通して支払します。この時には、『F110』(自動支払)を使用し、借方・買掛金/貸方・預金という仕訳が自動仕訳されます。また、個別に支払いを行う場合は、『F-53』(支払消込)などを使用します(図2)。

図2　購買・在庫業務プロセスの例

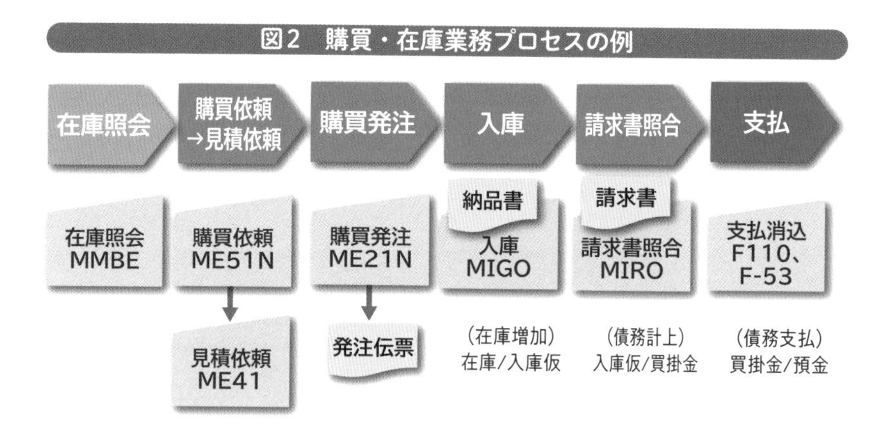

販売業務

次に**販売業務プロセス**について、具体的なSAPのトランザクションコードの例などを見ていきましょう。まず、得意先、新規見込み顧客などからの引き合い伝票をトランザクションコードの『VA11』(引合伝票登録)を使って登録します。

もし、見積依頼があれば、『VA21』(受注見積入力)を使って得意先、新規見込み顧客に見積書を送ります。

受注に成功したら、受注登録を行い、受注伝票を作成します。受注先、品目、販売単位、数量、単価、納期、納品場所、出荷予定のプラント、倉庫などを入力します。使用するトランザクションコードは『VA01』（受注伝票登録）です。

対象の品目の納期に合わせて、納品書を作成し、対象の倉庫から対象品目をピッキングし梱包します。実際には、輸送管理モジュールなどを使用して納品・出荷の手配を行っていきます。使用するトランザクションコードは『VL01N』（出荷伝票登録）です。この時、裏で、在庫が減少する会計仕訳：借方・売上原価／貸方・在庫という仕訳を自動仕訳します。

納品を確認して、請求書を発行し、得意先に送付します。使用するトランザクションコードは『VF01』（請求）です。請求処理を行うと裏で、会計仕訳：借方・売掛金／貸方・売上という仕訳が自動仕訳されます。

後日、得意先の支払条件に沿って販売代金が入金されたら『F-28』（入金消込）を使用して、入金処理を行います。仕訳は、借方・預金／貸方・売掛金という仕訳が自動仕訳されます（図3）。

図3　販売管理プロセスの例

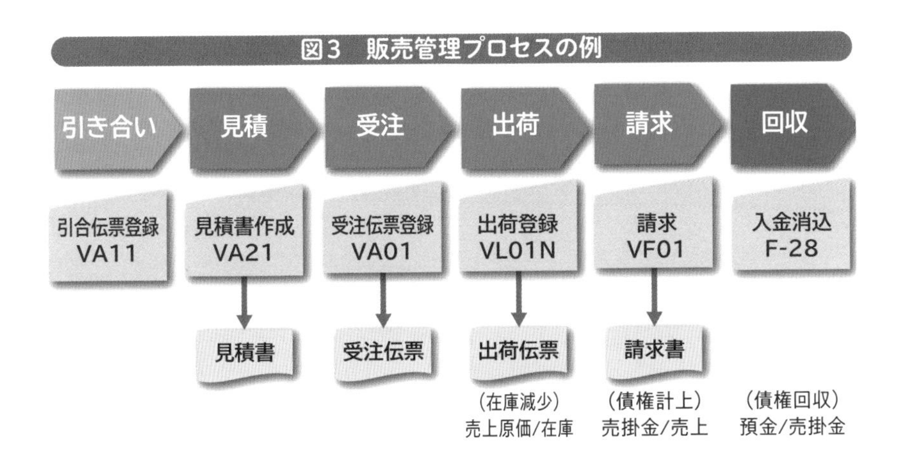

会計業務

次に、**会計業務プロセス**について見ていきましょう。会計業務のプロセスは、ほかの業務と少し異なる形になります。ここでは、日々の会計伝票の登録から、月次の締め処理、数字のチェック、月次帳票の作成などの順に、これをプロセスとしてみていきましょう。

会計伝票の入力には3パターンがあります。1つが振替伝票の入力です。これは、借方、貸方とも勘定科目コードを入力する場合に使用します。トランザクションコードは『FB50』(振替伝票入力)となります。なお、Launchpadからは Fiori を使用した新しい、会計伝票の入力画面(『F0718』)も追加されました。また、仕入先請求書を使って債務の会計伝票を入力する場合があります。トランザクションコードは『FB60』(仕入先請求書入力)です。

得意先請求書を使って債権の会計伝票を入力する場合もあります。トランザクションコードは『FB70』(得意先請求書入力)です。

月次決算を行う際には、前月の会計取引を入力できなくするために、会計期間の締め処理を行います。トランザクションコードは『OB52』(会計期間締め処理)です。

この状態にしてから、数字のチェックを行い、問題がなければ、財務諸表などの月次帳票の作成を行い、トップや外部へ経営成績などを報告していきます。

数字のチェックは、『S_ALR_87012277』(合計残高試算表)や、『FAGLB03』(勘定残高照会)などを使用して行います。月次の財務諸表は、『S_ALR_87012284』(財務諸表)などを使用して作成します(図4)。

図4　会計管理プロセスの例

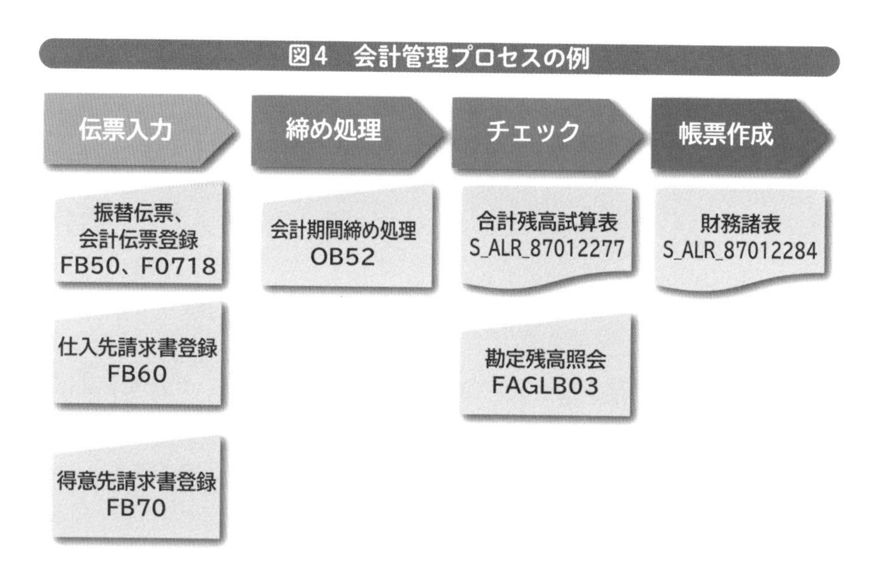

購買・在庫業務のオペレーション例

ワンポイント

- 在庫・購買業務関係のメニュー例
- 在庫・購買業務関係の各プロセスのオペレーション例

在庫・購買業務関係のメニュー例

購買・在庫業務のメニュー例を見ていきます(図1)。

この中の在庫状況照会(『MMBE』)→購買発注(『ME21N』)→発注入庫登録(『MIGO-GR』)→請求書受領入力(『MIRO』)のそれぞれのタイルを使って順に処理画面を確認していきましょう。

図1　購買・在庫業務メニュー例

SAP　ホーム
My ホーム　会計　購買・在庫　販売　マスタ　Launchpadカタログ編集　グループ名入力
在庫状況照会　MMBE　Display Stock Overvi...
購買依頼登録　ME51N　Create Purchase Re...
購買発注　ME21N　Create Purchase Order
購買発注変更　ME22N　Change Purchase Or...
発注入庫登録　MIGO_GR　Purchaseing Receipt
請求書受領入力　MIRO　Create Supplier Invoi...
品目期間締処理　MMPV　Close Periods
発注管理　Fiori　Manage Purchase O...

購買・在庫プロセスのオペレーションを行うに当たって、入力が必要になる各項目の値は、表1と表2のものを使っていきます。

表1 購買・在庫業務で使用するコード①

入力項目	値	名称	コメント
会社コード	XG01	XG01 Japan	複数社の処理が可能
購買伝票タイプ	NB		購買伝票の種類
購買組織	XG01	東京	購買部門
購買グループ	XG1	担当者A	購買担当
品目コード	XG-LED1	XG-LED1	商品、製品など
数量単位	PC	個	在庫管理単位
発注数量	5		
単価	1000		
プラント	XG01	東京工場	工場、物流センター
保管場所	0001	保管場所A	

表2 購買・在庫業務で使用するコード②

入力項目	値	名称	コメント
バージョン照会	1	全在庫タイプ	
仕入先コード	VD0001	柏商店	商品の仕入先
消費税	V2	消費税10%-購買	仮払消費税
支払勘定科目コード	111250	普通預金	預金勘定科目
支払勘定コード	VD0001	柏商店	仕入先

在庫・購買業務関係の各プロセスのオペレーション例

●在庫：在庫状況照会1

タイルの在庫状況照会(『MMBE』)を使って商品の在庫を確認します。

確認する品目コード、プラント、保管場所を入れて[実行]ボタンをクリックします(図2)。保管場所の入力をしない場合は、保管場所すべての在庫数量を表示してくれます。

図2　在庫：在庫状況照会①

実行すると、図3のように入力した品目の今現在の利用可能在庫が確認できます。また、購買発注済みで、まだ入庫されていない数量なども確認できます。

図3　在庫：在庫状況照会②

●購買：発注

図4は、購買発注の入力画面です。タイルの購買発注は、『ME21N』を使って発注伝票を入力します。

発注先の仕入先コードを入れます。明細行に品目コード、発注数量、発注金額を入力します。入庫するプラントと保管場所も入れておきます。

図4　購買：発注①

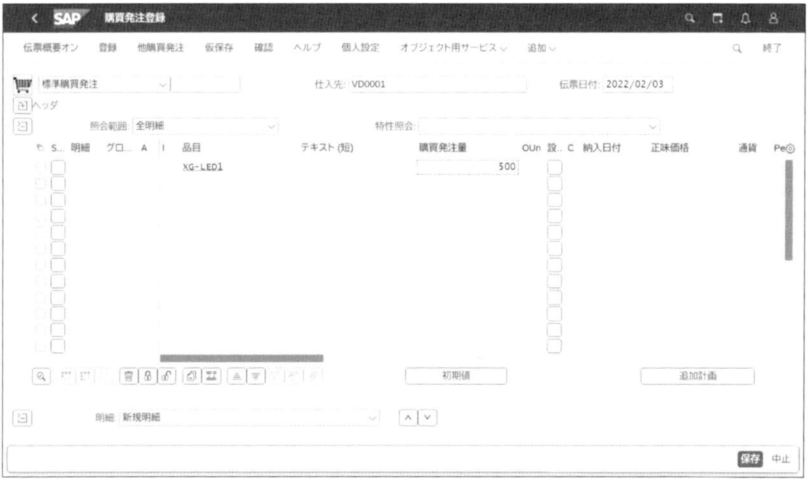

購買発注登録

伝票概要オン　登録　他購買発注　仮保存　確認　ヘルプ　個人設定　オブジェクト用サービス　追加　終了

標準購買発注　仕入先: VD0001　伝票日付: 2022/02/03

ヘッダ

照会範囲: 全明細　特性照会:

S...	明細	グロ...	A	I	品目	テキスト (短)	購買発注量	OUn	設..	C	納入日付	正味価格	通貨	Pe
					XG-LED1		500							

初期値　追加計画

明細: 新規明細

保存　中止

納入予定日を仕入先に確認して、納入日付に入れておきます。問題なければ保存します。保存すると購買発注番号が画面左下に表示されます（図5）。

図5　購買：発注②

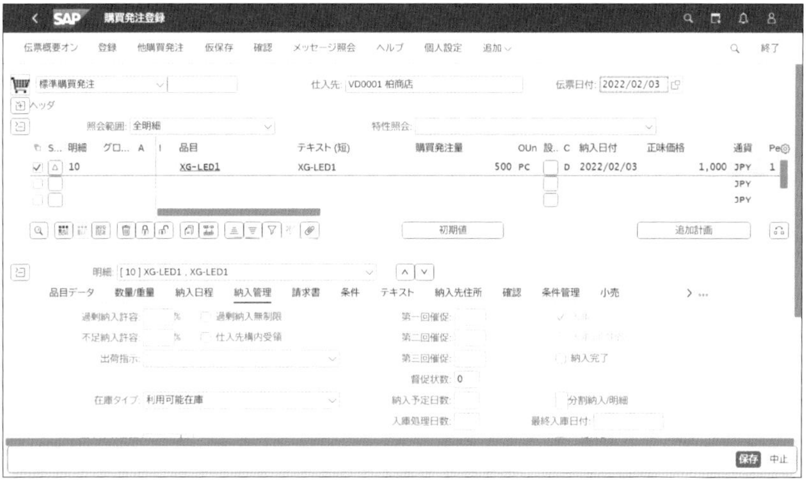

購買発注登録

伝票概要オン　登録　他購買発注　仮保存　確認　メッセージ照会　ヘルプ　個人設定　追加　終了

標準購買発注　仕入先: VD0001 柏商店　伝票日付: 2022/02/03

ヘッダ

照会範囲: 全明細　特性照会:

S...	明細	グロ...	A	I	品目	テキスト (短)	購買発注量	OUn	設..	C	納入日付	正味価格	通貨	Pe
	10				XG-LED1	XG-LED1	500	PC		D	2022/02/03	1,000	JPY	1
													JPY	
													JPY	

初期値　追加計画

明細: [10] XG-LED1 , XG-LED1

品目データ　数量/重量　納入日程　納入管理　請求書　条件　テキスト　納入先住所　確認　条件管理　小売

過剰納入許容: %　過剰納入無制限　第一回催促:

不足納入許容: %　仕入先構内受領　第二回催促:

出荷指示:　第三回催促:　納入完了

督促状数: 0

在庫タイプ: 利用可能在庫　納入予定日数:　分割納入/明細

入庫処理日数:　最終入庫日付:

保存　中止

●購買：入庫

図6は、入庫の画面です。発注した品物が入庫になったら、発注伝票と納品書、そして納品物が合っているかチェックします。合っている場合は、指定の保管場所に入れます。その処理結果を、タイルの発注入庫登録（『MIGO-GR』）から登録します。左上の赤枠の入庫、購買発注を選択して、購買発注番号を入力し、[Enter]キーを押します。すると発注内容が明細行に表示されます。

図6　購買：入庫①

明細行の品目タブ中の明細OK欄にチェックを入れます（図7）。

図7　購買：入庫②

内容を確認して転記します。転記すると画面の左下に入出庫伝票番号が表示されます(図8)。

図8　購買：入庫③

● 購買：請求書照合

仕入先から請求書を受取ったら、発注書や納品書と内容を確認して正しければ、タイルの請求書受領入力(『MIRO』)を実行します。

これは請求書照合の画面です。請求書日付を入れます。参照伝票欄に仕入先から送られてきた請求書の番号を入れます(図9)。

図9　購買・在庫：請求書照合①

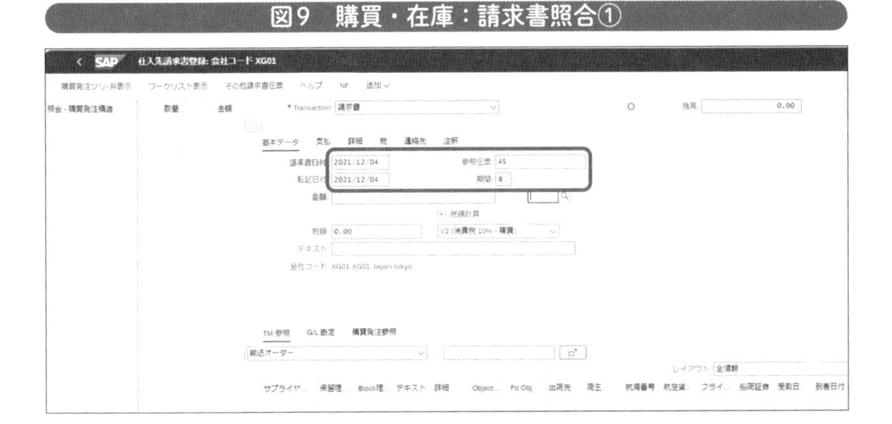

購買発注参照タブに移動して、赤枠欄で購買発注伝票番号を検索して入力します。すると仕入先の表示や、明細行に発注品目などの内容が表示されます。表示内容を確認して問題がなければ、請求書明細処理済み項目にチェックを入れます。転記前にシミュレーションを行うことができます。問題がなければ転記します。請求書照合伝票番号が画面左下に表示されます（図10）。

図10　購買・在庫：請求書照合②

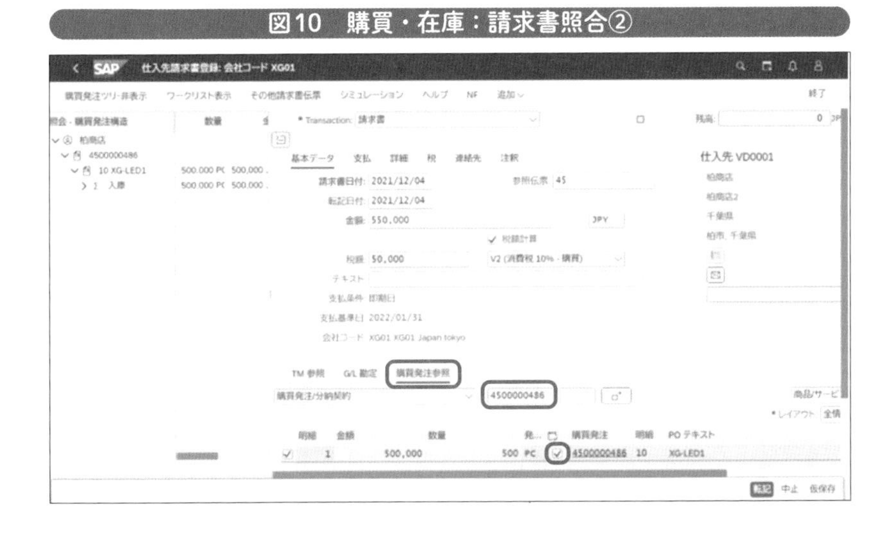

6 販売業務のオペレーション例

ワンポイント

- 販売業務関係のメニュー例
- 販売業務関係の各プロセスのオペレーション例

販売業務関係のメニュー例

販売業務の例を見ていきます(図1)。

この中の受注見積入力(『VA21』)→受注登録(『VA01』)→出荷伝票登録(『VL01N』)→出荷伝票変更(『VL02N』)→請求書(『VF01』)のそれぞれのタイルを使って順に処理画面を確認していきましょう。

図1　販売業務のメニュー例

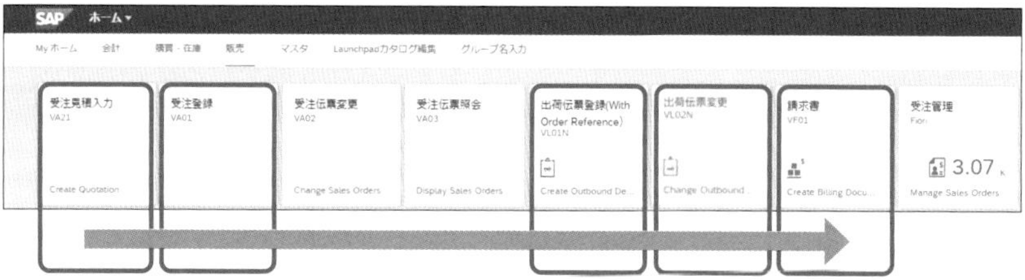

販売プロセスのオペレーションを行うに当たって、入力が必要になる各項目の値は表1、表2、表3のものを使っていきます。

表1 販売業務で使用するコード① 販売管理

入力項目	値	名称	コメント
会社コード	XG01	XG01 Japan	複数社の処理が可能
見積伝票票タイプ	ZQT	XG01 見積伝票	見積伝票の種類
販売組織	XG01	東京本社(販売エリア)	販売部門
流通チャネル	01	流通チャネル01(販売エリア)	
製品部門	X2	商品(販売エリア)	製品、商品、サービスなど
営業所	XG1	東京第一営業所	支店など
営業グループ	XG01	担当者A	営業マン
受注先	CM0001	ヤマタ電機	
出荷先	CM0001	ヤマタ電機	受注先と同じ
消費税	A2	消費税10%-売上	仮受消費税

表2 販売業務で使用するコード② 販売管理

入力項目	値	名称	コメント
品目コード	XG-LED1	XG-LED1	商品、製品など
条件タイプ	PR00	価格	販売価格
販売単価	5,000		
販売数量	5		
数量単位	PC	個	
プラント	XG01	東京工場	例えば工場など
保管場所	0001	保管場所A	
取引グループ	0	受注伝票	1引き合い、2見積
販売管理伝票カテゴリ	C	受注	A引き合い、B見積
販売伝票タイプ	ZOR	標準受注	販売伝票の種類
出荷ポイント	XG01	XG01 出荷ポイント(日本橋)	出荷場所
得意先コード	CM0001	ヤマタ電機	受注先と同じ

表3 販売業務で使用するコード③ 販売管理

入力項目	値	名称	コメント
請求伝票タイプ	F2		請求伝票の種類
勘定科目コード	111250	普通預金	預金勘定科目
勘定コード	CM0001	ヤマタ電機	入金先

販売業務関係の各プロセスのオペレーション例

●販売：見積り

得意先に見積書を発行します。タイルの受注見積入力『VA21』（見積書作成）を実行します。まず、見積伝票タイプ、販売組織、流通チャネル、製品部門、営業所、営業所グループを入力して[続行]ボタンをクリックします(図2)。

図2　販売：見積り①

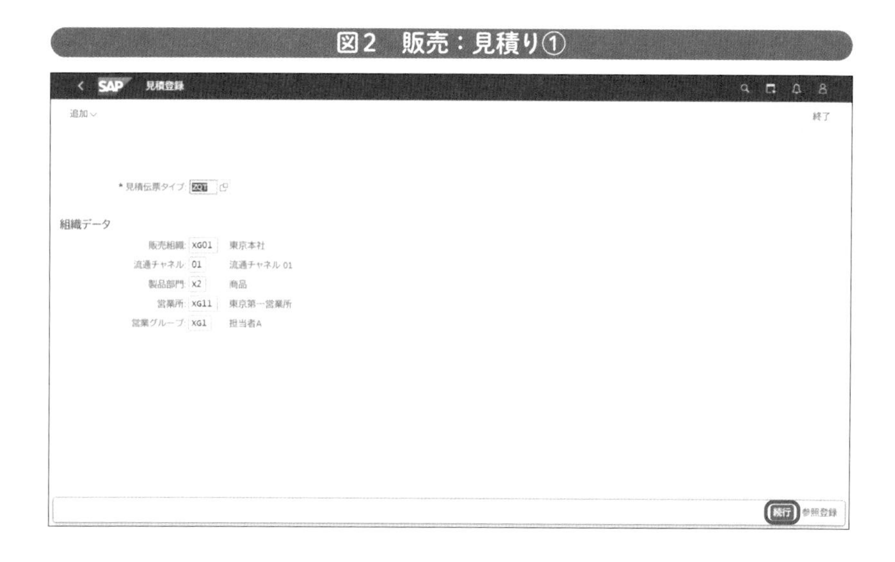

受注先、出荷先、指定納期、見積有効終了日を入れ、明細行に品目コード、見積り数量などを入力します。出荷管理タブから出荷予定のプラント、保管場所も入れておきます(図3)。

図3　販売：見積り②

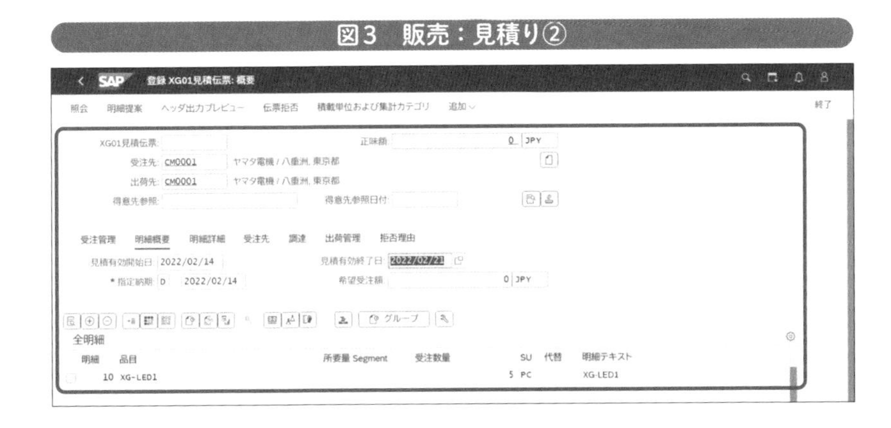

追加→ジャンプ→明細→条件から見積価格を入力します。そして見積書を保存します。左下に見積伝票番号が表示されます。見積書を発行して得意先に送付します(図4)。

図4　販売：見積り③

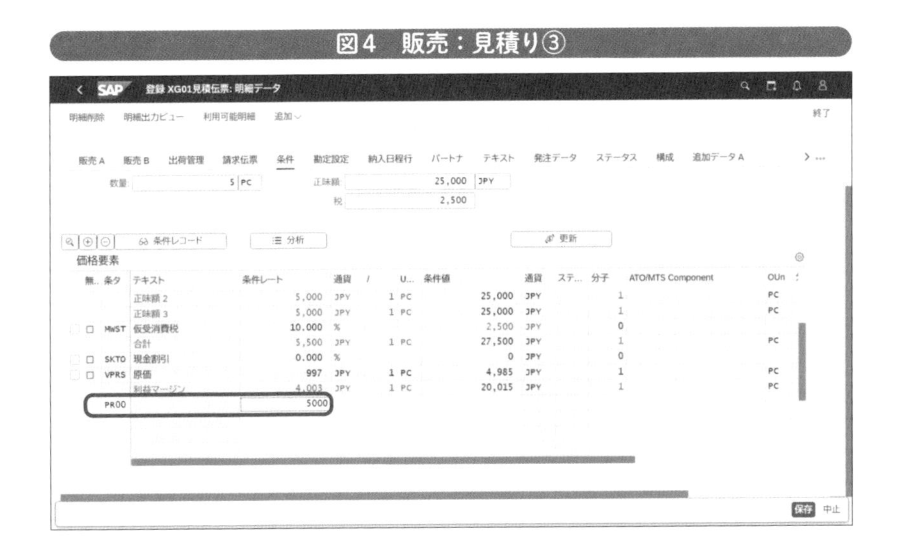

●販売：受注

タイルの受注『VA01』を実行します。必要なパラメータと参照する見積伝票番号を入力し、[実行]ボタンをクリックします(図5)。

図5　販売：受注①

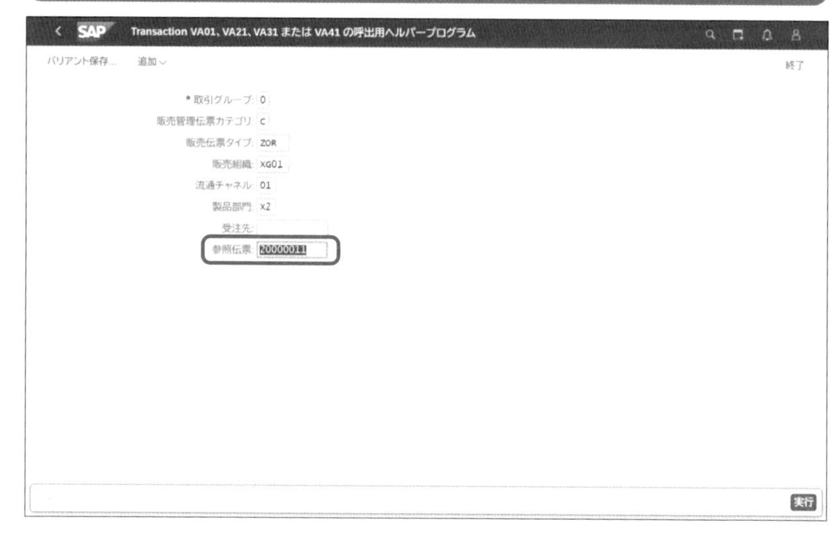

受注内容は見積書からコピーされます。得意先からの注文番号や注文日などを得意先参照欄と得意先参照日付に入力し、右下の[保存]ボタンをクリックします。受注伝票番号が画面の左下に表示されます(図6)。

図6　販売：受注②

登録 標準受注: 概要
照会　明細提案　ヘッダ出力プレビュー　伝票拒否　積載単位および集計カテゴリ　追加　終了
標準受注:　正味額: 25,000 JPY
受注先: CM0001 ヤマタ電機 / 八重洲, 東京都
出荷先: CM0001 ヤマタ電機 / 八重洲, 東京都
得意先参照: 20220214　得意先参照日付: 2022/02/14
受注管理　明細概要　明細詳細　受注先　調達　出荷管理　拒否理由
* 指定納期: D 2022/02/14　出荷プラント:
一括納入:　総重量: 125 KG
出荷ブロック:　容積: 0.000
請求ブロック:　価格設定日付: 2022/02/14
支払条件: XG31 末締め翌月末払い
Inco バージョン:
インコタームズ: CIF
場所 1: test
グループ
全明細
明細　品目　所要量 Segment　受注数量　Un　S　明細テキスト　得意先品目コー
10　XG-LED1　5　PC　XG-LED1　TEST MATERI
保存　中止

●販売：出荷

タイルの出荷伝票登録『VL01N』を使って、出荷処理を行います。出荷ポイント、出荷日、受注伝票番号を入力して[続行]ボタンをクリックします(図7)。画面上は、出荷伝票登録(受注参照)と表示されます。

図7 販売：出荷①

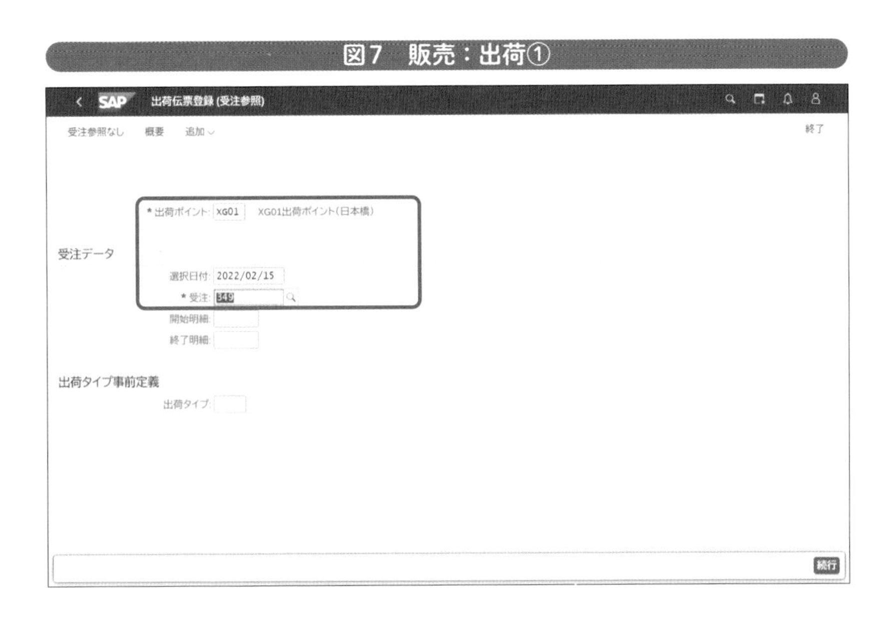

表示された内容を確認して保存します。すると出荷伝票番号が画面の左下に表示されます(図8)。

図8　販売：出荷②

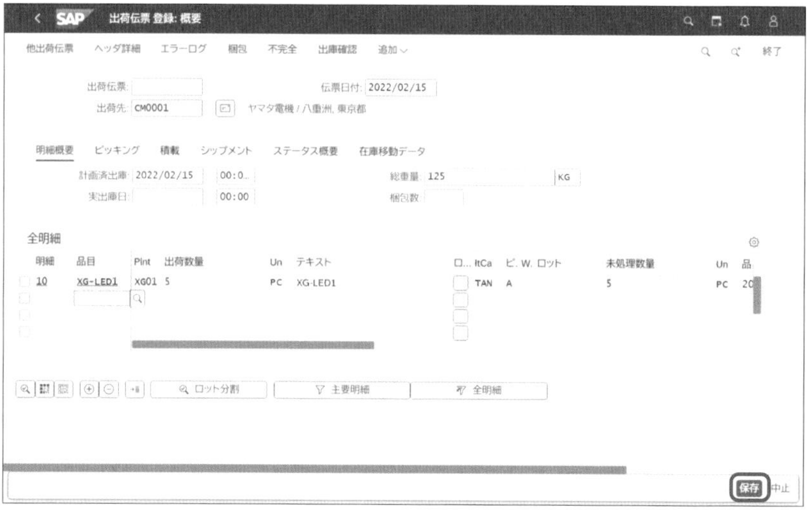

タイルの出荷伝票変更『VL02N』を使って保存済みの出荷伝票を呼び出して倉庫側でピッキングを行います(図9)。

図9　販売：出荷③

ピッキング結果を入力します(図10)。

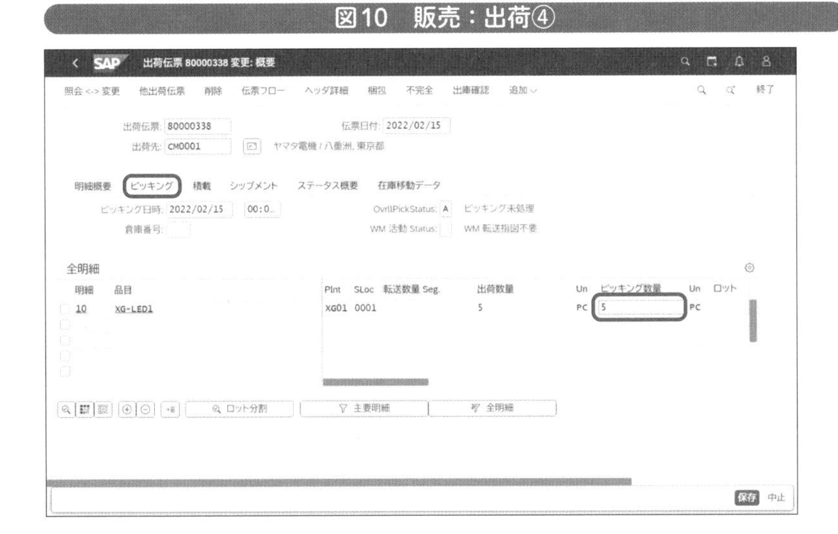

図10　販売：出荷④

明細概要タブから実出庫日を入力して、[出庫確認]ボタンをクリックします。すると出荷伝票番号が保存されます(図11)。

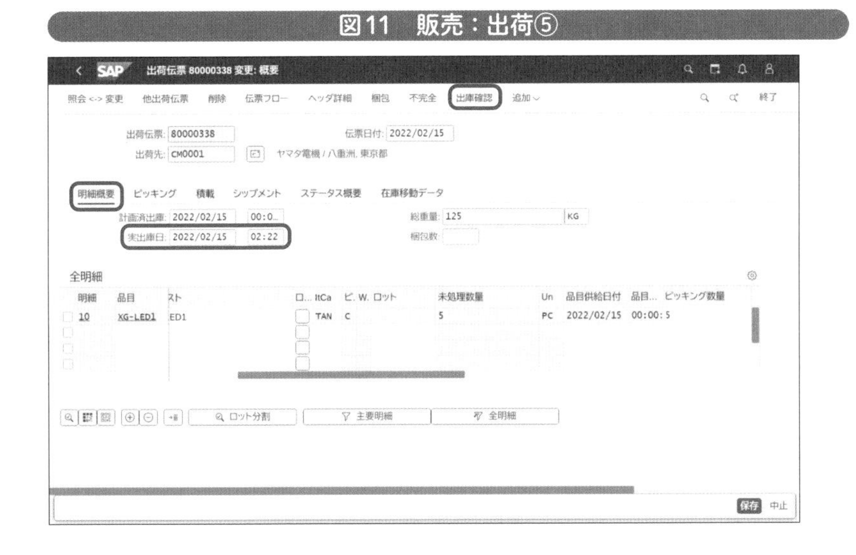

図11　販売：出荷⑤

この時点での伝票ワークフローを確認してみましょう。出荷伝票の変更または照会から見ることができます(図12)。

図12　販売：出荷⑥

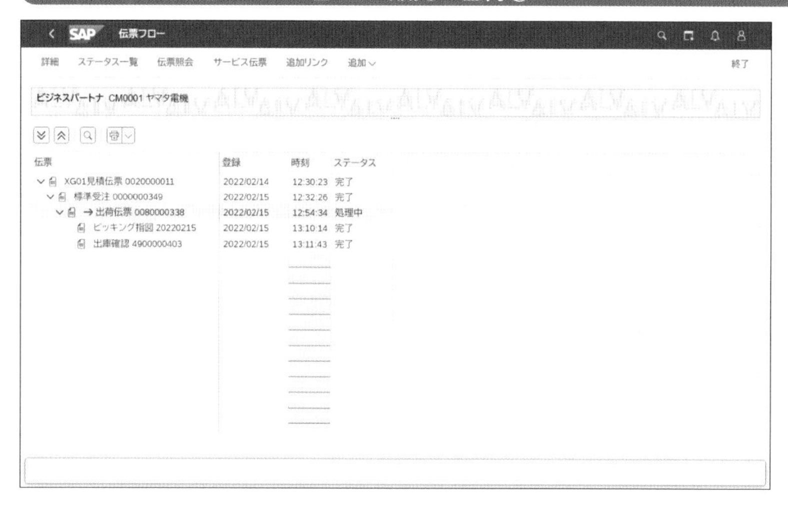

●販売：請求

最後に得意先に請求します。タイルの請求書『VF01』から実行します。出荷伝票番号を入力して[保存]ボタンをクリックします。画面の左下に請求伝票番号が表示されます(図13)。

図13　販売：請求

請求伝票登録

変更　照会　請求書期日一覧　請求伝票概要　選択日付　選択一覧　追加文書　追加　終了

初期データ

請求タイプ:　サービス提供日:

請求日:　価格設定日付:

処理予定伝票

伝票	明細	販売管理伝票カテゴリ	処理ステータス	請...	取消請求伝票
80000338					

伝票 90000090 が保存されました　保存　中止　実行

会計業務の
オペレーション例

ワンポイント

- 会計業務関係のメニュー例
- 会計業務関係の各プロセスのオペレーション例

会計業務関係のメニュー例

会計業務の例を見ていきます（図1）。

この中の振替伝票入力『F0718』→振替伝票入力『FB50』→仕入先請求書入力『FB60』→得意先請求書入力『FB70』のそれぞれについて、タイルを使って順に処理画面を確認していきましょう。

また、仕訳帳、総勘定元帳、合計残高試算表、財務諸表の各帳表の作成方法や、伝票照会、勘定科目別残高照会、仕入先別残高照会、得意先別残高照会方法についても確認していきましょう。

図1　会計業務のメニュー例

会計プロセスのオペレーションを行うに当たって、入力が必要になる各項目の値は表1、表2のものを使っていきます。

表1 会計業務で使用するコード①

入力項目	値	名称	コメント
会社コード	XG01	XG01 Japan	複数社の処理が可能
管理領域	XG01	XG01 Japan	管理会計の管理用
勘定コード表	CAJP	勘定コード表-日本	勘定科目マスタ
財務諸表バージョン	XG99	財務諸表	B/S,P/Lの形式
会計期間バリアント	XG01	XG01バリアント	会計期間のOpen,Closeで使用
原価センタ	XG0001	A部門	原価を管理する最小単位
利益センタ	XG0001	A部門	利益を管理する最小単位
元帳	0L	リーディング元帳	総勘定元帳
通貨コード	JPY	円	円未満なし

表2 会計業務で使用するコード②

入力項目	値	名称	コメント
D/C	S	借方	貸借区分
	H	貸方	
得意先コード	CM0001	ヤマタ電機	
仕入先コード	VD0001	柏商店	
消費税	A2	消費税10%-売上	このほか、8%軽減税率、非課税、不課税なども必要
	V2	消費税10%-購買	
勘定科目コード	111110	現金	
	111250	普通預金	
	823500	外注加工費	
	826700	消耗品費	
	879000	雑収入	

会計業務関係の各プロセスのオペレーション例

● 会計：振替伝票入力『F0718』

S/4HANAで新しく追加されたFioriの会計伝票入力画面です。借方、貸方ともに、勘定科目コードを入力します。勘定科目コードは同じ列に入力しますが、金額欄が借方、貸方にわかれています(図2)。

図2　会計：振替伝票入力(F0718)

会計：振替伝票入力『FB50』

従来から使ってきた会計伝票入力画面です。借方、貸方の勘定科目コードをG/L 勘定欄に入れながら入力していきます。D/C 列で借方、貸方を区別します。借方、貸方とも、伝票通貨額欄に金額を入力します(図3)。

図3　会計：振替伝票入力(FB50)

● 会計：仕入先請求書入力『FB60』

買掛金に関係する会計伝票を転記する場合に使用します。買掛金という勘定科目の代わりに仕入先コードを入力します。相手勘定は、G/L勘定欄に入力します(図4)。

図4　会計:仕入先請求書入力(FB60)

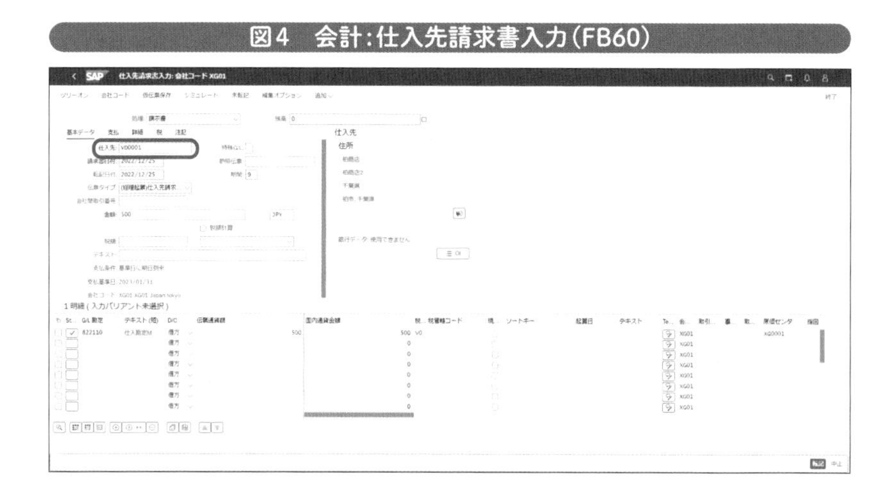

● 会計：得意先請求書入力『FB70』

売掛金に関係する会計伝票を転記する場合に使用します。売掛金という勘定科目の代わりに得意先コードを入力します。相手勘定は、G/L勘定欄に入力します(図5)。

図5　会計：得意先請求書入力(FB70)

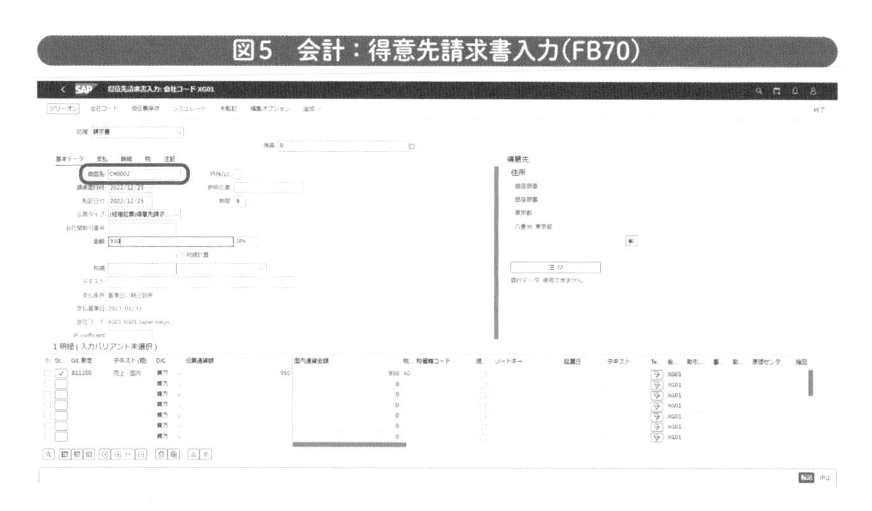

●会計：仕訳帳

S/4HANAの仕訳帳(Journal)になります。タイトルが要約仕訳帳となっています。日付別、伝票番号別、仕訳別に表示されています。借方、貸方の勘定科目コードがG/L勘定列に表示されています。PK列の40が借方、50が貸方を表します。また、借方金額と貸方金額の合計が一致しています(図6)。

図6　会計：仕訳帳

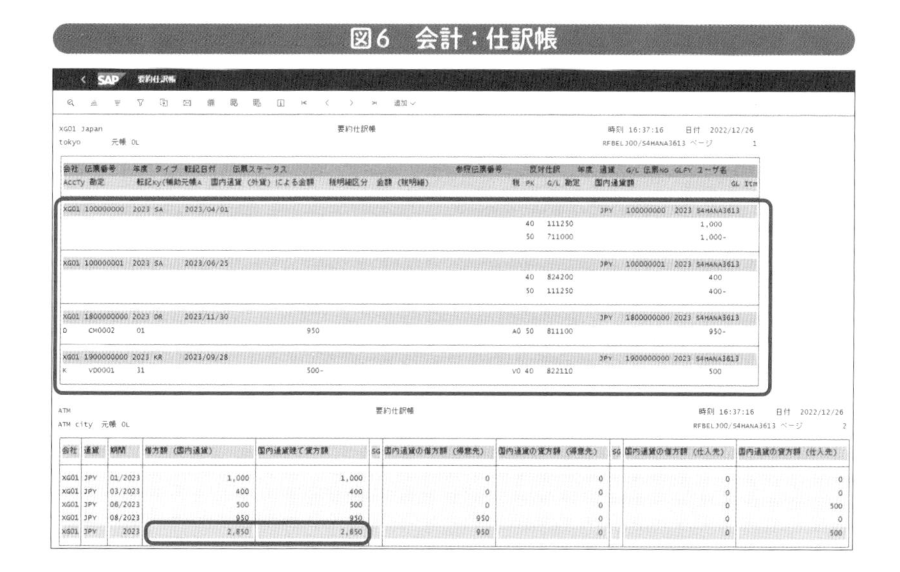

会社	通貨	期間	借方額（国内通貨）	国内通貨建て貸方額	SG	国内通貨の借方額（得意先）	国内通貨の貸方額（得意先）	SG	国内通貨の借方額（仕入先）	国内通貨の貸方額（仕入先）
XG01	JPY	01/2023	1,000	1,000		0	0		0	0
XG01	JPY	03/2023	400	400		0	0		0	0
XG01	JPY	06/2023	500	500		0	0		0	500
XG01	JPY	08/2023	950	950		950	0		0	0
XG01	JPY	2023	2,850	2,850		950	0		0	500

●会計：総勘定元帳

これが総勘定元帳です。勘定科目コード「111250」の預金(「銀行1-普通預金)の総勘定元帳と勘定科目コード「113100」の売掛金(売掛金-国内)の総勘定元帳が表示されています。タイトルがG/L勘定残高となっています(図7)。

図7　会計：総勘定元帳

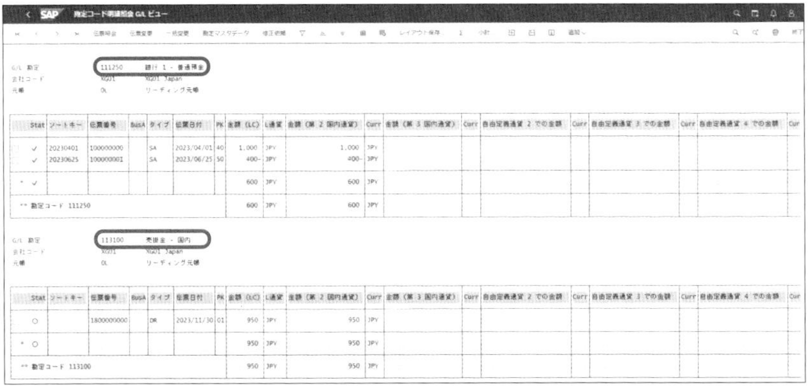

勘定コード明細照会 G/L ビュー

G/L 勘定　111250　銀行 1 - 普通預金
会社コード　XG01　XG01 Japan
元帳　0L　リーディング元帳

Stat	ソートキー	伝票番号	BusA	タイプ	伝票日付	PK	金額 (LC)	L通貨	金額 (第 2 国内通貨)	Curr	金額 (第 3 国内通貨)	Curr	自由定義通貨 2 での金額	Curr	自由定義通貨 3 での金額	Curr	自由定義通貨 4 での金額	Cur
✓	20230401	100000000		SA	2023/04/01	40	1,000	JPY	1,000	JPY								
✓	20230625	100000001		SA	2023/06/25	50	400-	JPY	400-	JPY								
* ✓							600	JPY	600	JPY								
** 勘定コード 111250							600	JPY	600	JPY								

G/L 勘定　113100　売掛金 - 国内
会社コード　XG01　XG01 Japan
元帳　0L　リーディング元帳

Stat	ソートキー	伝票番号	BusA	タイプ	伝票日付	PK	金額 (LC)	L通貨	金額 (第 2 国内通貨)	Curr	金額 (第 3 国内通貨)	Curr	自由定義通貨 2 での金額	Curr	自由定義通貨 3 での金額	Curr	自由定義通貨 4 での金額	Cur
○		1800000000		DR	2023/11/30	01	950	JPY	950	JPY								
* ○							950	JPY	950	JPY								
** 勘定コード 113100							950	JPY	950	JPY								

会計：合計残高試算表

図8が合計残高試算表になります。繰越残高欄に期首残高が表示されます。

前期残高欄には、前月残高が表示されます。レポート期間の借方残高、レポート期間の貸方残高は、指定した会計期間の借方合計、貸方合計です。累計残高には、指定した会計期間の残高が表示されます。それから、累計残高(残高)のトータル残高はゼロで表示されます。

図8　会計：合計残高試算表

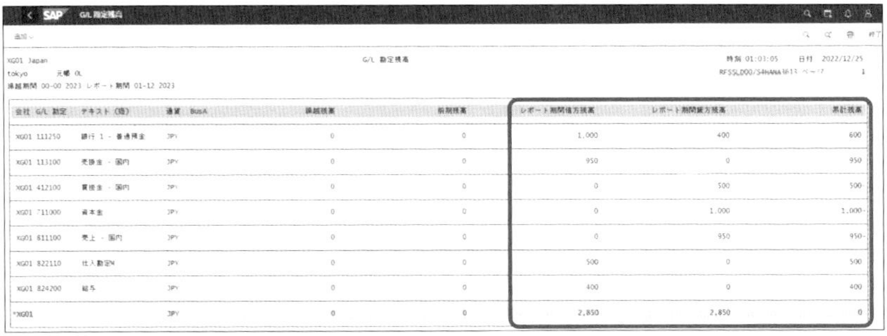

G/L 勘定残高

XG01 Japan　　G/L 勘定残高　　時刻 01:03:05　日付 2022/12/25
tokyo　元帳 0L　　RFSSLD00/S4HANA　ページ　1
繰越期間 00-00 2023 レポート期間 01-12 2023

会社	G/L 勘定	テキスト (短)	通貨	BusA	繰越残高	前期残高	レポート期間借方残高	レポート期間貸方残高	累計残高
XG01	111250	銀行 1 - 普通預金	JPY		0	0	1,000	400	600
XG01	113100	売掛金 - 国内	JPY		0	0	950	0	950
XG01	412100	買掛金 - 国内	JPY		0	0	0	500	500-
XG01	711000	資本金	JPY		0	0	0	1,000	1,000-
XG01	811100	売上 - 国内	JPY		0	0	0	950	950-
XG01	822110	仕入勘定N	JPY		0	0	500	0	500
XG01	824200	給与	JPY		0	0	400	0	400
*XG01			JPY		0	0	2,850	2,850	0

●会計：財務諸表（貸借対照表）

図9が貸借対照表になります。3通りの表示方法が可能です。買掛金、資本金、そして当期利益がマイナス表示されていますが、これは、符号を反転していないためにマイナス表示されています。

図9　会計：貸借対照表

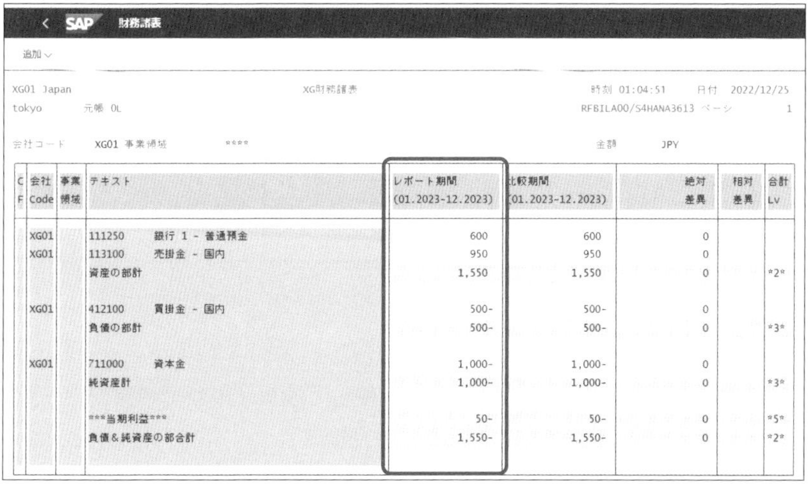

< SAP 財務諸表

追加 ∨

XG01 Japan　　XG財務諸表　　時刻 01:04:51　　日付 2022/12/25
tokyo　　元帳 0L　　RFBILA00/S4HANA3613 ページ 1

会社コード　XG01 事業領域　****　　金額　JPY

CF	会社Code	事業領域	テキスト	レポート期間 (01.2023-12.2023)	比較期間 (01.2023-12.2023)	絶対差異	相対差異	合計Lv
	XG01		111250　銀行 1 - 普通預金	600	600	0		
	XG01		113100　売掛金 - 国内	950	950	0		
			資産の部計	1,550	1,550	0		*2*
	XG01		412100　買掛金 - 国内	500-	500-	0		
			負債の部計	500-	500-	0		*3*
	XG01		711000　資本金	1,000-	1,000-	0		
			純資産計	1,000-	1,000-	0		*3*
			当期利益	50-	50-	0		*5*
			負債＆純資産の部合計	1,550-	1,550-	0		*2*

●会計：財務諸表（損益計算書）

図10が損益計算書になります。収益勘定と費用勘定の各残高が表示されています。売上と当期利益がマイナス表示されていますが、これは、符号を反転していないためにマイナス表示されています。

図10　会計：損益計算書

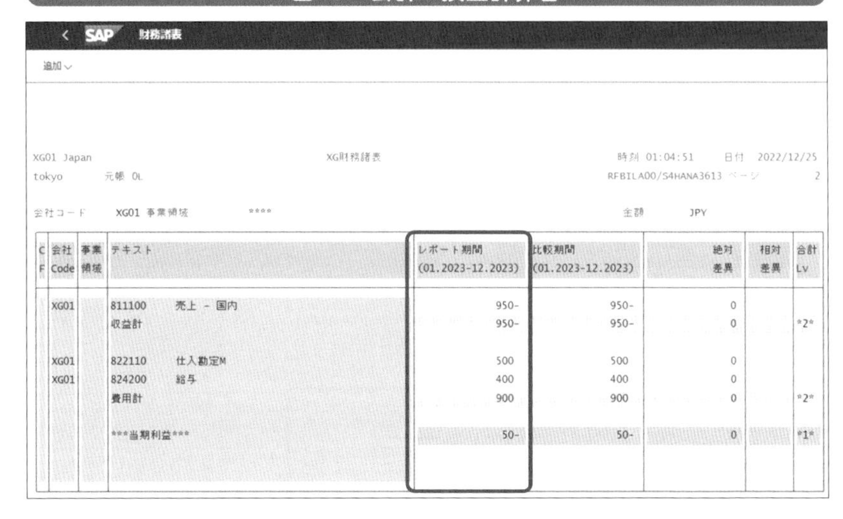

●会計：伝票照会

照会したい会計伝票の検索項目を使って絞り込みができます。一覧の中から会計伝票にドリルダウンできます(図11)。

図11　会計：伝票照会

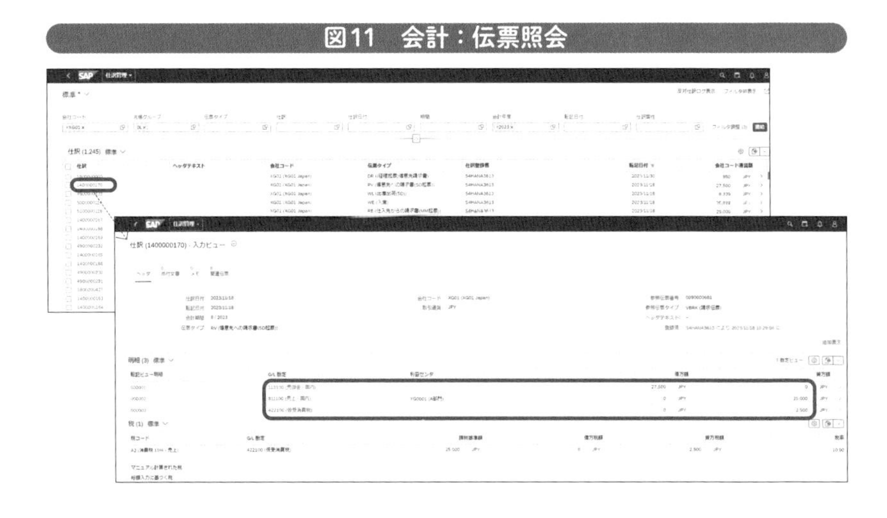

●会計：勘定科目別残高照会

指定した勘定科目、会社、会計年度の月別の借方金額、貸方金額、その時点の残高などを表示します。会計期間の1～12は、期首月から数えた月を意味します。例えば、3月決算の会社の場合、1会計期間が4月分になります。7会計期間は、10月分を表します。該当の金額をクリックすることで、発生元の会計伝票にドリルダウンすることができます(図12)。

なお、会計期間の13～16は、決算月などで使用できる特別会計期間となっています。

図12　会計：残高照会(勘定科目別)

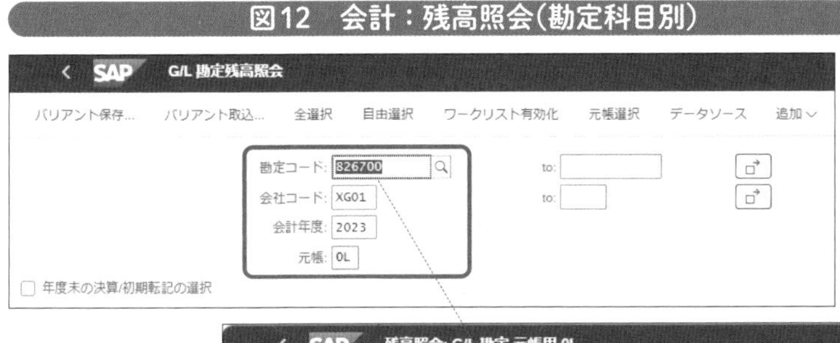

SAP　残高照会: G/L 勘定 元帳用 0L

伝票通貨　伝票通貨　照会通貨変更　個別勘定　追加

勘定コード: 826700　消耗品費

会社コード: XG01　XG01 Japan

会計年度: 2023

追加特性表示

通貨の全伝票: *　照会通貨: JPY　会社コード通貨

会計期間	借方	貸方	残高	累積残高
残高繰越				
1				
2				
3	108,756		108,756	108,756
4	102,040		102,040	210,796
5	220		220	211,016
6	12,620		12,620	223,636
7	1,000		1,000	224,636
8				224,636
9				224,636
10				224,636
11				224,636
12				224,636
13				224,636
14				224,636
15				224,636
16				224,636
合計	224,636		224,636	224,636

●会計：仕入先別残高照会

指定した仕入先、会社、会計年度の月別の借方金額、貸方金額、その時点の残高などを表示します。該当の金額をクリックすることで、発生元の会計伝票にドリルダウンすることができます(図13)。

図13　会計：残高照会(仕入先別)

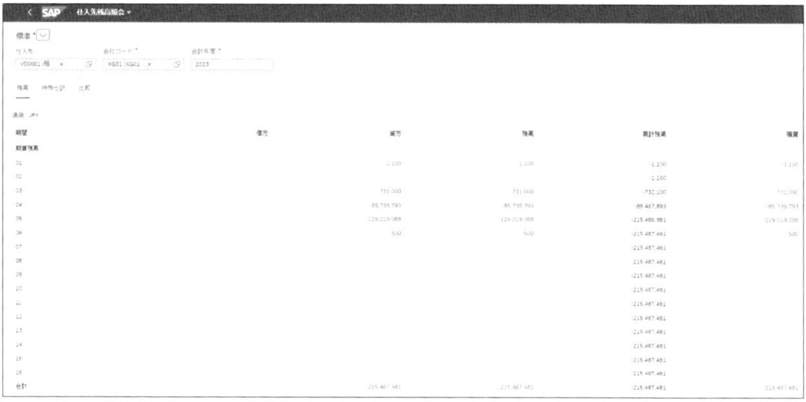

SAP　仕入先残高照会

標準 *

仕入先: VD0001 (相　会社コード *: XG01 (XG01　会計年度 *: 2023

残高　特殊仕訳　比較

通貨: JPY

期間	借方	貸方	残高	累計残高	購買
期首残高					
01		1,100	-1,100	-1,100	-1,100
02				-1,100	
03		731,000	-731,000	-732,100	-731,000
04		85,735,793	-85,735,793	-86,467,893	-85,735,793
05		129,019,088	-129,019,088	-215,486,981	-129,019,088
06		500	-500	-215,487,481	-500
07				-215,487,481	
08				-215,487,481	
09				-215,487,481	
10				-215,487,481	
11				-215,487,481	
12				-215,487,481	
13				-215,487,481	
14				-215,487,481	
15				-215,487,481	
16				-215,487,481	
合計		215,487,481	-215,487,481	-215,487,481	-215,487,481

●会計：得意先別残高照会

指定した得意先、会社、会計年度の月別の借方金額、貸方金額、その時点の残高などを表示します。該当の金額をクリックすることで、発生元の会計伝票にドリルダウンすることができます(図14)。

図14　会計：残高照会(得意先別)

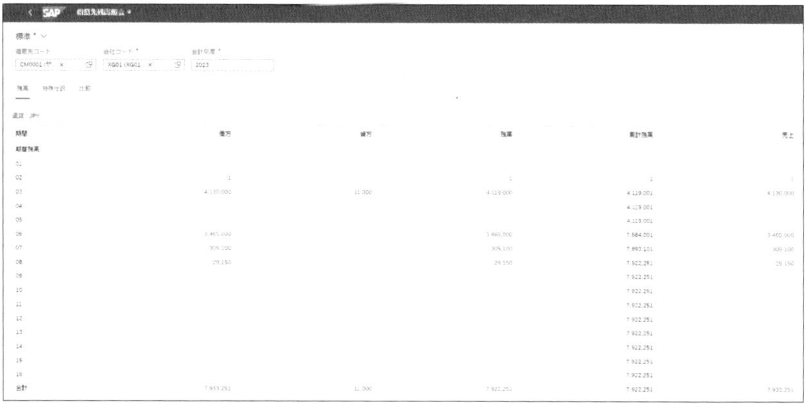

SAP　得意先残高照会

標準 *

得意先コード: CM0001 (ヤ　会社コード *: XG01 (XG01　会計年度 *: 2023

残高　特殊仕訳　比較

通貨: JPY

期間	借方	貸方	残高	累計残高	売上
期首残高					
01					
02	1		1	1	1
03	4,130,000	11,000	4,119,000	4,119,001	4,130,000
04				4,119,001	
05				4,119,001	
06	3,465,000		3,465,000	7,584,001	3,465,000
07	309,100		309,100	7,893,101	309,100
08	29,150		29,150	7,922,251	29,150
09				7,922,251	
10				7,922,251	
11				7,922,251	
12				7,922,251	
13				7,922,251	
14				7,922,251	
15				7,922,251	
16				7,922,251	
合計	7,933,251	11,000	7,922,251	7,922,251	7,933,251

第11章

SAPについてのQ&A

第11章では、よく受ける質問や最近のトピックについて学びます。具体的には、ECCとS/4HANAの違い、ECCからS/4HANAへのバージョンアップ方法、財務会計と管理会計の違い、仕入れと売上原価・製造原価の違いなどについて説明します。

1 ECCとS/4HANAの違い

ワンポイント

- ユーザーインターフェースが変わった
- 一部テーブルが削除・変更された
- 得意先マスタと仕入先マスタがBPマスタに統合
- その他

ユーザーインターフェースが変わった

ユーザーインターフェースのSAP GUIがECCとS/4HANAで変わりました。S/4HANAの画面のイメージがシンプルになりました。

例えば、ECCの会計伝票の入力画面でトランザクションコード『FB50』(振替伝票入力)上に存在していた、緑や黄色、赤のボタンがなくなりました。また、右下に[転記]ボタンが付きました(図1、図2)。なお、ECCで使用してきた画面イメージに戻すこともできます。

図1　ECCの会計伝票入力画面

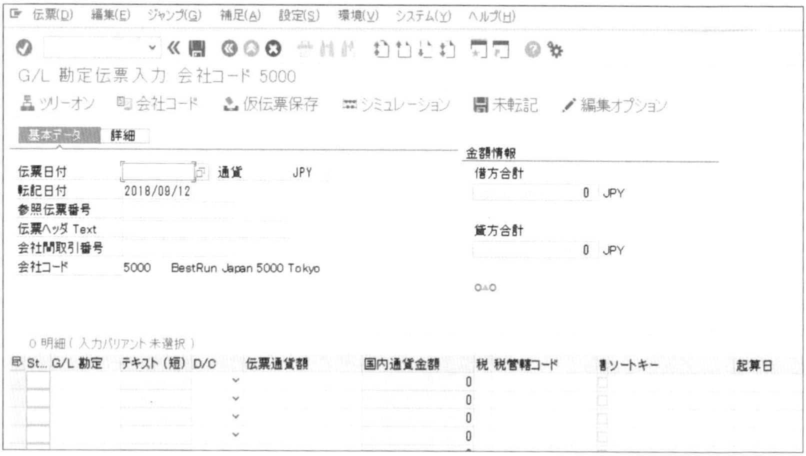

伝票(D)　編集(E)　ジャンプ(G)　補足(A)　設定(S)　環境(V)　システム(Y)　ヘルプ(H)

G/L 勘定伝票入力: 会社コード 5000

ツリーオン　会社コード　仮伝票保存　シミュレーション　未転記　編集オプション

基本データ　詳細

伝票日付　　通貨 JPY
転記日付 2018/09/12
参照伝票番号
伝票ヘッダ Text
会社間取引番号
会社コード 5000 BestRun Japan 5000 Tokyo

金額情報
借方合計 0 JPY
貸方合計 0 JPY

0 明細 (入力バリアント 未選択)

St...	G/L 勘定	テキスト (短)	D/C	伝票通貨額	国内通貨金額	税	税管轄コード	書	ソートキー	起算日
					0					
					0					
					0					
					0					

図2　S/4HANAの会計伝票入力画面（GUIより実行）

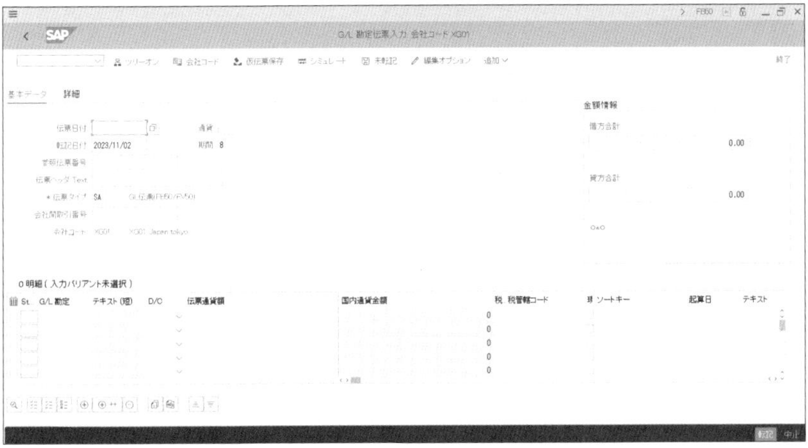

また、S/4HANAに新しいユーザーインターフェースとしてEdgeやChromeなどのブラウザから利用できるLaunchpadが追加されました。このLaunchpadから会計伝票入力画面で『FB50』を実行することもできます（図3）。

図3　S/4HANAの会計伝票入力画面（Launchpadより実行）

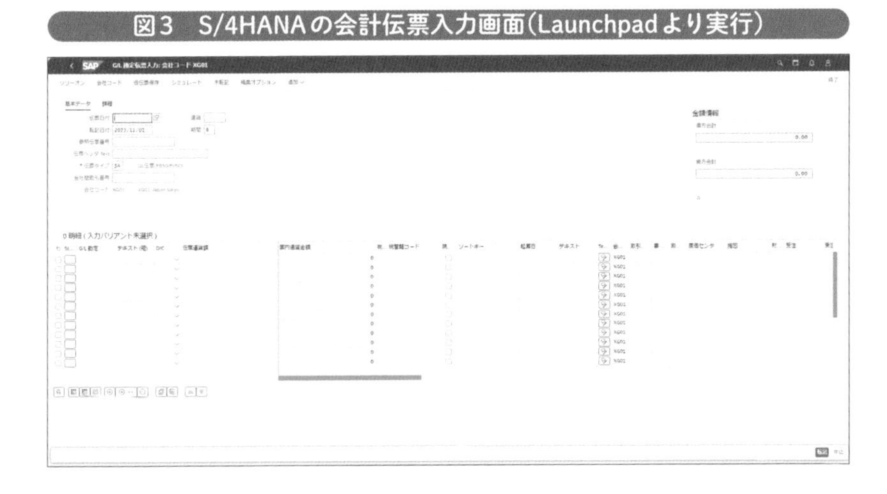

それと、S/4HANAでは、Launchpadから利用できる会計伝票入力画面*が追加されました。会計伝票をExcelからアップロードする機能などが追加されています(図4)。

図4　S/4HANAで追加になった会計伝票入力画面(F0718)。

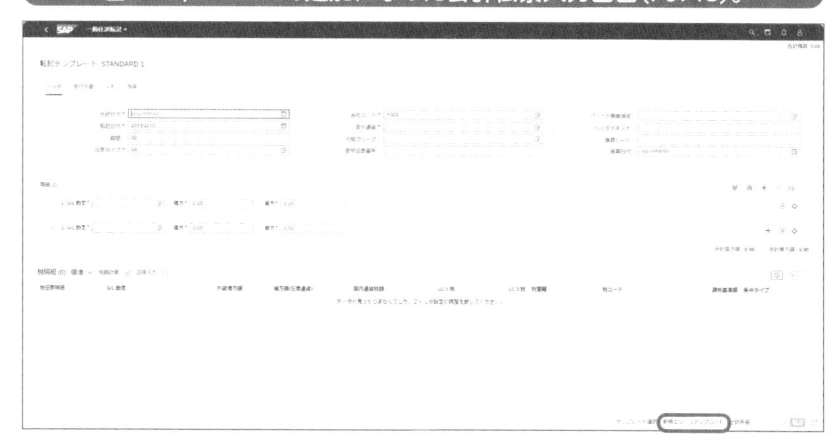

一部テーブルが削除・変更になった

また、一部テーブルが削除・変更になりました。変更になったテーブルの一例は、ロジ系と会計系のデータを**ACDOCAテーブル**にまとめたことです。このことにより、より詳細な情報の収集や分析がやりやすくなりました。

具体的には、BSEGテーブルという会計伝票の明細が入っていたテーブルがACDOCAテーブルに変わりました。もう1つが、S/4HANAの処理スピードの向上に伴い、例えば、残高テーブルや、実績の集計テーブルなどが削除されました。これらのテーブルにデータを書き込む処理が不要になり、シンプルなテーブル構造になりました。

得意先マスタと仕入先マスタがBPマスタに統合

ECCでは、得意先マスタと仕入先マスタは、それぞれ単独で存在していましたが、S/4HANAでは、**BPマスタ**に統合され、BPマスタの中に、得

* **会計伝票入力画面**……Fiori『F0718』。

意先マスタ、仕入先マスタを登録する仕組みに変わりました。登録・変更関係のトランザクションコードは『BP』（BPマスタ登録/変更/照会）に変更になりました。

その他

原価要素と勘定科目マスタが統合されました。勘定科目マスタメンテナンスの画面から原価要素のメンテナンスもできるようになりました。

また、与信管理関係についてですが、従来のECCの販売管理（SD）および財務会計（FI-AR）の与信管理機能がファイナンシャルサプライチェーンマネジメントの中にある与信管理（SAP Credit Management）へ移行されました。

そのほか、予算管理機能や固定資産機能などが変更になっています。詳細な相違点については、SAP社が提供している情報などで確認してください。

コラム　ドリルダウン機能について

コンピュータシステムから作成した財務諸表上の売上や仕入の数字を見た時、その数字の根拠を知りたい場合があります。そのためには、売上や仕入の発生元の伝票にたどれる仕組みが必要です。ERPシステムでは、ドリルダウン機能を使って、これらを実現できるようになっています。例えば、SAPでは、勘定科目別や得意先別、仕入先別の残高照会などから、ドリルダウン機能を使って、発生元の会計伝票にたどり着くことができます。

2 ECCからS/4HANAへのバージョンアップ方法

ワンポイント

- 事前の調査が重要
- BrownFieldによる移行のやり方を理解しよう

事前の調査が重要

ECCからS/4HANAへバージョンアップする方法ですが、事前の調査が重要です。ここでは、オンプレミスで使用しているECCをオンプレミスのS/4HANAにバージョンアップする場合を考えてみましょう。

例えば、現行のECCで使用しているトランザクションコードを洗い出します。そして、この中にAdd-onプログラムがある場合は、そのAdd-onプログラムの洗い出しも必要です。特に、存在していても使用していないプログラムなどは、事前に整理しておきます(表1、表2)。

また、ECCとS/4HANAの違いも知っておく必要があります。

表1 調査対象一覧の例(使用トランザクションコード一覧)

No.	プログラム名称	ECC6.0 トランザクションコード	S/4HANA トランザクションコード	使用ユーザー
1				
2				
3				

表2 調査対象一覧の例(Add-onプログラム一覧)

No.	プログラム名称	トランザクションコード	プログラム番号	使用/未使用
1				
2				
3				

BrownFieldによる移行のやり方

ストレート・コンバージョンと言われるBrownFieldによる移行のやり方とポイントを説明いたします。事前準備フェーズ、移行フェーズ、最適化フェーズと3つのフェーズを踏んで進めていきます。

SAP社は、S/4HANAへの移行方法としてSIerなどの**MOA**(マイグレーション・オプティマイゼーション・アセスメント:Migration Optimization Assessment)サービスの利用を推奨しています。これは、標準移行ツールの**DMO**(SAP Database Migration Option)などを使用して、各フェーズでやるべきタスクを明確にしたものです。

事前準備フェーズでは、主に移行方針の策定や、スケジュール計画・予算化、工数の見積り、対象範囲の特定、Add-onプログラムの改修調査などを行います。例えば、SI-CheckやATC(ABAP Test Cockpit)などを使って、影響度合いの把握や移行対象範囲の特定などを行っていきます。この最初のAssessmentをしっかり行うことが、移行を成功させるためにはきわめて重要です。

移行フェーズでは、移行計画や移行用の新旧チェック用の環境構築、データのUnicode化・移行、Add-onプログラムの移送などを行います。

最後の**最適化フェーズ**では、テストシナリオに沿って、ECCとS/4HANAの両方の環境で実行し、実行結果をチェックしていきます。結果が異なるプログラムについて原因を調査し、例えば、Add-onのプログラムに問題があればそれを修正していきます。これらの作業を繰り返しながら最適化していきます。特にAdd-onプログラムについては、ECCとS/4HANAとの違い、例えばS/4HANAでは、削除されたデーブルがあったり、BPマスタなどのようにトランザクションコードが変わってしまっていることもあるので、この辺を重点的にテストします(図1)。

図1　BrownFieldよる移行のやり方

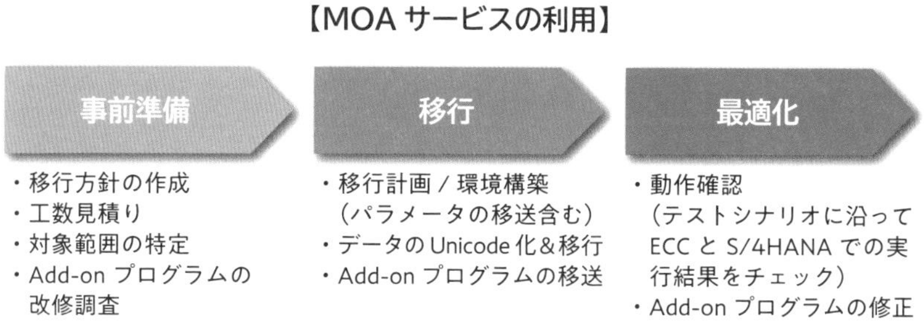

【MOAサービスの利用】

事前準備	移行	最適化
・移行方針の作成 ・工数見積り ・対象範囲の特定 ・Add-onプログラムの改修調査	・移行計画／環境構築（パラメータの移送含む） ・データのUnicode化&移行 ・Add-onプログラムの移送	・動作確認（テストシナリオに沿ってECCとS/4HANAでの実行結果をチェック） ・Add-onプログラムの修正

財務会計と管理会計の違い

ワンポイント

- 財務会計は外部報告目的の会計
- 管理会計は経営者のための会計

財務会計とは

財務会計は、SAPではFIと言いますが、外部への公表が目的の会計で、会社法や上場している証券取引所などのルールに基づいて計算し、外部へ公表する必要があります(図1)。

図1 財務会計と管理会計の違い

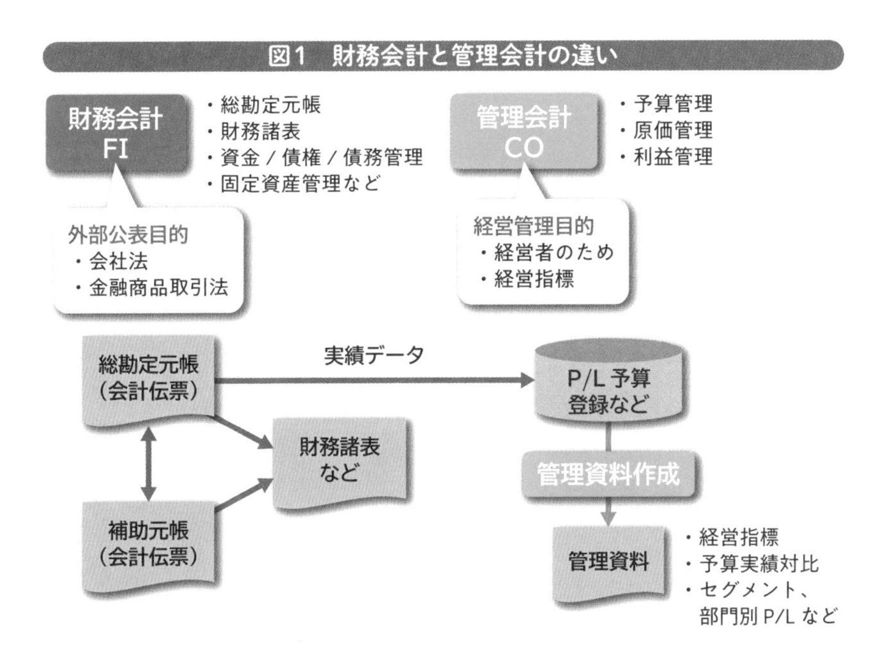

SAPでは、財務会計のFIモジュールとして、会計伝票の入力、総勘定元帳の作成、財務諸表の作成、資金・債権・債務管理、固定資産管理などの機能が用意されています。会計伝票の入力から総勘定元帳の作成、財務諸表の作成といったプロセスを持っています。

また、補助簿機能として、得意先別債権管理、仕入先別債務管理、銀行口座別の資金管理などがあります。固定資産の取得、減価償却、除却・売却などのプロセスにも対応しています（図2）。そのほか、償却資産税処理の機能も用意されています。

図2　SAPの財務会計の例

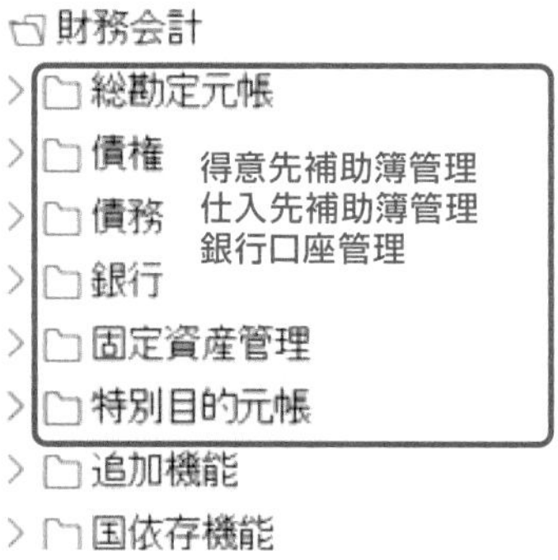

財務会計
- 総勘定元帳
- 債権
- 債務
- 銀行
- 固定資産管理
- 特別目的元帳
- 追加機能
- 国依存機能

得意先補助簿管理
仕入先補助簿管理
銀行口座管理

管理会計とは

管理会計は、SAPではCOと言いますが、そもそもルールがありません。経営者が管理したいルールに基づいて、経営者が大切にする経営指標などをアウトプットする会計のことです。SAPの管理会計のCOモジュールとして予算管理、原価管理、利益管理などの機能が用意されています。

具体的には、**原価センタ**単位の原価管理、**内部指図**単位のコスト管理、標準原価設定のための原価積み上げ、製造指図単位の原価および差異計算管理、**利益センタ**単位の利益管理、**収益性セグメント**単位の収支管理などの機能があります。

管理会計では、財務会計の会計伝票などの実績データを元に、勘定科目のほかに、原価センタや利益センタ、内部指図、収益性セグメントなど様々な切り口を持ち、経営指標や予算実績対比、セグメント別、部門別損益計算書などをアウトプットできる仕組みになっています（**図3**）。なお、予算は、管理会計で立案・登録します。

図3　SAPの管理会計の例

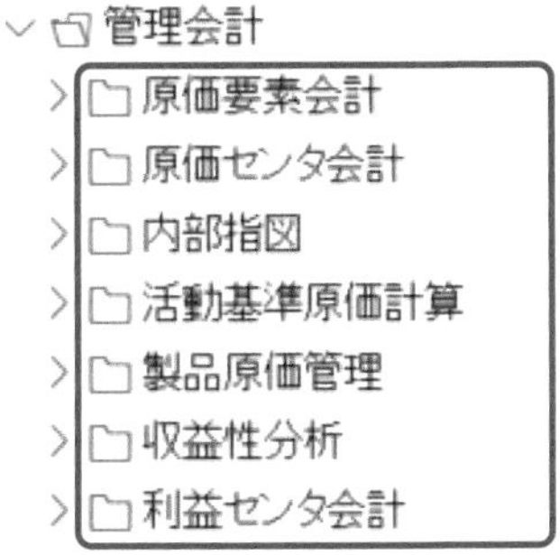

- 管理会計
  - 原価要素会計
  - 原価センタ会計
  - 内部指図
  - 活動基準原価計算
  - 製品原価管理
  - 収益性分析
  - 利益センタ会計

コラム　会計監査人もSAPを使う

会計監査人が、SAPのユーザーIDを使ってLogonし、会計伝票の検索や権限設定状況などを確認することがあります。このような場合、会計監査人用のユーザメニューと権限を用意して、これを使用してもらいます。会計監査に必要な情報収集を、会計監査人が自ら行うことで監査効率が高まります。また、会計監査人に対して紙出ししたり、Excelにダウンロードして情報を提供する必要がないため、会計監査人との対応時間が少なく済みます。

仕入れと売上原価、製造原価の違い

ワンポイント

- 仕入れは、仕入先からモノを買った費用の総額のこと
- 製造原価は、モノを製造する過程で発生した総費用のこと
- 売上原価は、売上に連動してかかった費用のこと

仕入れとは

仕入れは、仕入先からモノを買った費用の総額のことです。ただし、会計的には、この総額の仕入高から、売れ残った分（在庫）を差し引くことで、売上原価を計算することができます。つまり、残った分以外は、すべて売れたと考えるやり方です。図1の例では、当期仕入800－売れ残った分100で計算すると、売上原価は、700となります。

図1　当期仕入から売れ残った分を引くと売上原価になる

【損益計算書（P/L）】

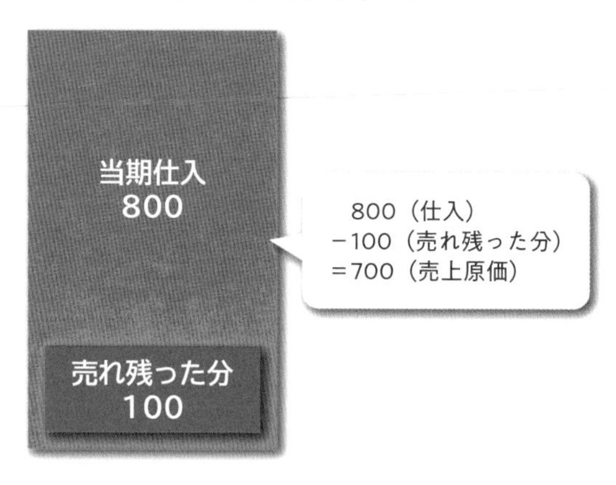

製造原価とは

製造原価の費目にはどのようなものがあるのでしょうか。考えてみましょう。

製造原価は、一般的に工場などで発生する費用のことです。大きくは、製造現場で直接使用する製造直接費と、工場の間接部門などの製造間接費に分けられます。製造直接費は、製造に使用した原材料などの直接材料費、製造に携わった人の給与などの直接労務費、電力・ガス・水道などの工場で使用する直接経費などに分けられます。なお、製造間接費は、工場の経理部門、総部部門などで発生する人件費などです。また、実務では、直接材料費以外の製造費用を加工費として扱っている会社もあります。

この製造費用は、毎月、原価計算などにより、完成した製品分と完成していない仕掛品に分けて、貸借対照表(B/S)上の製品勘定、仕掛品勘定に振替えますので、残高はゼロになります(表1)。

表1 製造原価の費目と製品・仕掛品勘定の関係

総製造費用	製造直接費	直接材料費	製造に要した原材料のコスト
		直接労務費	製造に要した人件費
		直接経費	製造に要した経費(電力・ガス・水道など)
	製造間接費		工場間接部門の人件費ほか

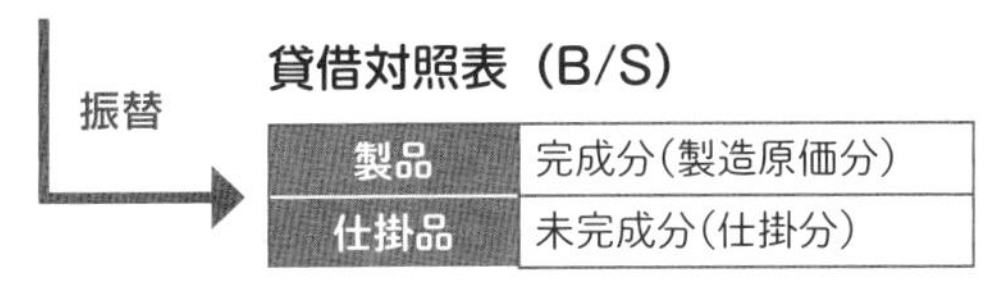

製品	完成分(製造原価分)
仕掛品	未完成分(仕掛分)

売上原価とは

売上原価は、売上に連動して発生する費用のことです。販管費(販売費及び一般管理費)は含まれません。得意先に商品や製品を販売し納品した場合や、得意先から検収を受けた場合に、その商品や製品の売上に紐付いて計上する原価のことです。商品や製品であれば在庫品上の1個の原価単価×販売数量で計算できます。

例えば、1個原価が70円のものを100円で10個販売したとすると、売上が1,000円、売上原価が700円となります。この場合の粗利が300円と計算できます(図2)。

図2　売上原価は売上と連動している

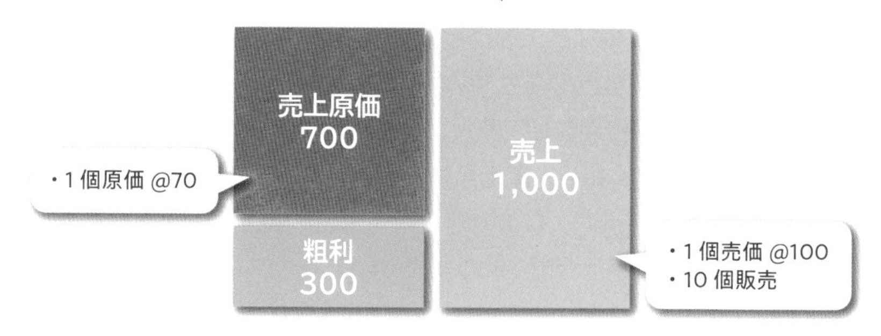

また工事や建設などの場合は、そのプロジェクトにかかった総費用が製造原価となります。そして、得意先から検収を受けて、売上を計上したら、そのプロジェクトにかかった製造原価が売上原価になります(図3)。

なお、完成していない分の製造原価は仕掛品になります。

図3　製造原価と売上原価の関係

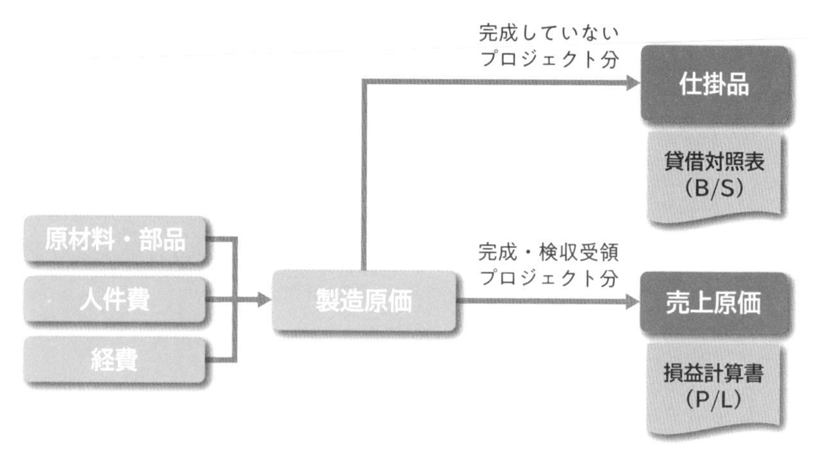

あとがき

会社における社員および関係者が行なっている、すべての作業(プロセス)は、利益とキャッシュの増加につながる仕組みになっていなければなりません。
そのためにマネジメントシステムが必要であり、その中心にあるのがERPと言えます。

経営成績や財政状態が今どうなっているかをリアルタイムに把握することで、取るべき方向が定められ、それが経営戦略や経営戦術となって、PDCAサイクルが日々繰り返されています。つまり、ERPは、リアルタイムで会計システムと連動しているものでなければなりません。

本書で見てきたERPを使いこなしていくための視点を整理すると、以下のような方向が見えてきます。

・システムを構築(再構築)する場合は、**全体最適化**を目指し、まず業務改善、プロセス改善を行うこと(**End To End**の視点を持つこと)
・**One Fact One Place、and Real Time**の仕組みを実現すること
・1つのインフラ上で**シンプルなERP**にすること
・パッケージを利用する場合は、標準機能を使いこなすこと(**Fit To Standard**)
・マスタ、**プロセスを組織として管理**していくこと
・**全体観**を持つ社員を育てていくこと

本書が、これからの社会に必要な人材を育てていくための一助になれば幸いです。

索引

O

P

R

S

T

U

V

W

あ行

か行

さ行

た行

な行

著者紹介

久米 正通（くめ まさみち）

アレグス株式会社取締役。1974年生まれ、富士通電子計算機専門学校卒。SAP導入コンサルタントとして多くのプロジェクトを経験。得意分野はSD、MM、FI、ABAP、システム設計・開発、PM。SAP MM、SAP Business One認定コンサルタント、Microsoft AXロジスティックス認定コンサルタント等の資格を持つ。

著書

『SAP ABAPプログラミング入門』(監修/秀和システム)
『図解入門 よくわかる最新 SAPの導入と運用』(共著/秀和システム)

村上 均（むらかみ ひとし）

アレグス株式会社取締役会長。1950年生まれ、岩手県立久慈高校、中央大学商学部卒。大原簿記学校非常勤講師、中小企業大学東京校非常勤講師、Udemy講師などを務める。所有資格は、SAP FI/CO認定コンサルタント、Dynamics365認定コンサルタント、中小企業診断士、公認システム監査人など。

著書

『図解入門 よくわかる最新 SAP&Dynamics 365』(共著/秀和システム)
『図解入門 よくわかる最新 SAPの導入と運用』(共著/秀和システム)

監修者紹介

アレグス株式会社（Aregus Co. ,Ltd.）

SAP ERP導入コンサルティング、ERPコンサル教育・トレーニング、Microsoft D365導入コンサルティング、RPA導入支援、GeneXus設計・開発、Salesforce設計・開発を行うIT企業。

ホームページ：https://aregus.co.jp

制作協力

池上 裕司
アレグス社員
イーワンスタイル株式会社

●カバーデザイン　1839DESIGN
●本文イラスト　小泉 マリコ(合同会社ごけんぼりスタジオ)
●図版作成　株式会社 明昌堂

SAP担当者として活躍するための
ERP入門

発行日　2024年　3月　8日　　第1版第1刷

著　者　久米　正通／村上　均
監修者　アレグス株式会社

発行者　斉藤　和邦
発行所　株式会社　秀和システム
〒135-0016
東京都江東区東陽2-4-2　新宮ビル2F
Tel 03-6264-3105（販売）Fax 03-6264-3094
印刷所　株式会社シナノ

Printed in Japan

ISBN978-4-7980-7135-0 C3055